面向目标的迁移工作流主动服务方法

王 睿 著
Wang Rui

U0353132

清华大学出版社
北京

内 容 简 介

本书针对单工作位置环境下主动服务能力不足的问题,在国家自然科学基金项目的资助下,以山东大学曾广周教授提出的迁移工作流系统框架为基础,研究了一类面向目标的迁移工作流主动服务方法,包括面向目标的迁移工作流主动服务环境构建方法、部分可观测环境下迁移工作流服务导航方法、面向目标的迁移工作流资源服务推荐方法和迁移工作流多服务主体收益分配方法,并通过实验对研究成果进行了验证和分析。

本书可作为从事相关领域研究的硕士研究生、博士研究生及科研人员的参考书。

图书在版编目(CIP)数据

面向目标的迁移工作流主动服务方法/王睿著. —北京:清华大学出版社,2022.3
　　ISBN 978-7-302-60139-5

Ⅰ.①面… Ⅱ.①王… Ⅲ.①互联网络—网络服务器 Ⅳ.①TP368.5

中国版本图书馆 CIP 数据核字(2022)第 025874 号

责任编辑: 薛 杨　袁勤勇
封面设计: 傅瑞学
责任校对: 徐俊伟
责任印制: 朱雨萌

出版发行: 清华大学出版社
　　　　　　网　　　址:http://www.tup.com.cn,http://www.wqbook.com
　　　　　　地　　　址:北京清华大学学研大厦 A 座　　邮　　编:100084
　　　　　　社 总 机:010-83470000　　　　　　　　　邮　　购:010-83470235
　　　　　　投稿与读者服务:010-62776969,c-service@tup.tsinghua.edu.cn
　　　　　　质量反馈:010-62772015,zhiliang@tup.tsinghua.edu.cn
　　　　　　课件下载:http://www.tup.com.cn,010-83470236
印 装 者: 小森印刷霸州有限公司
经　　销: 全国新华书店
开　　本: 145mm×210mm　**印　张:** 4.375　**字　数:** 82 千字
版　　次: 2022 年 3 月第 1 版　　　　**印　次:** 2022 年 3 月第 1 次印刷
定　　价: 49.00 元

产品编号:095311-01

前　言

　　迁移工作流(migrating workflow)是将移动 agent 计算模式应用于工作流管理的一门新技术。与传统的工作流模型不同,迁移工作流是一个或多个迁移实例(migrating instance)在不同工作位置(work place)之间不断迁移,并就地利用工作位置服务执行业务活动的过程,其中,迁移实例是工作流活动的主体,工作位置是工作流联盟成员服务在网络上的结点映射。工作流联盟上所有工作位置的集合称为迁移工作流环境,为了与本书研究相区别,书中称为单工作位置环境。目前的迁移工作流研究主要采用面向过程的方法,即令迁移实例携带业务过程说明书工作。业务过程说明书中固有的结构化属性,不可避免地会限制迁移实例求解问题的灵活性,降低其对环境动态变化的适应性。

　　为了克服面向过程的迁移工作流方法的不足,在面向目标的迁移工作流模型中,迁移实例携带工作流目标说明书工作。工作流目标既可以通过迁移实例自身的服务发现实现,也可以通过工作位置的服务推荐实现(本书称工作位置对迁移实例的工作位置导航和工作流资源推荐为迁移工作流主动服务）。当工作流目标可以分解为多个业务子目标时,对于并行的业务子目标,不同的迁移实例可以在不同的工作位置上生成并首先在该工作位置运行。因为面向目标的迁移工作流可以大大提高迁移实例对工作环境动态变化的适应性,因此特别适合那些活动及其转移规则难于完全定义的跨机构业务过程。

本书针对单工作位置环境上主动服务能力不足的问题,在国家自然科学基金项目的资助下,以山东大学曾广周教授提出的迁移工作流系统框架为基础,研究了一类面向目标的迁移工作流主动服务方法,包括:面向目标的迁移工作流主动服务环境构建方法、部分可观测环境下迁移工作流服务导航方法、面向目标的迁移工作流资源服务推荐方法和迁移工作流多服务主体收益分配方法,并通过实验对研究成果进行了验证和分析。

本书的顺利出版得到山东财经大学管理科学与工程学院领导的大力支持,在此表示感谢。书中参阅了大量的有关研究成果,大多一一注明,但恐仍有疏漏,在此一并表达谢意。

在本书的写作过程中,作者付出了最大的努力,但因水平有限,书中难免存有纰漏,恳切希冀同行专家批评指正。

目　　录

第1章 绪　　论

1.1　迁移工作流的研究背景和意义

近年来,工作流管理系统(Workflow Management System,WfMS)的应用得到迅速发展,WfMS的类型已经从结构化发展到非结构化,从集中式发展到分布式,从任务推动发展到目标拉动。为了支持跨组织的异构计算环境下大规模工作流管理,满足建立在资源动态变化之上的日益复杂的业务需求,对工作流相关技术的研究是一个具有现实意义的课题。

国际工作流管理联盟(Workflow Management Coalition,WfMC)定义的工作流方法是:采用预定义过程,使用集中式的观点建模和管理业务流程。也就是说,首先提供一张完整的、包含所有活动和所有路径的列表,每个活动分解为更小的任务,定义了所涉及任务的顺序、伴随条件、并行的其他任务和信息流等。这种面向过程的迁移工作流方法只能描述业务过程是什么或做什么,而不能表述行为和实体之后的动机、意图和原理,即为什么和如何处理业务。同时，在面向过程的工作流管理系统中，因为有了精确严格的工作说明，所以也未考虑工作流服务的发现或者感知。因此，传统的工作流方法适用于简单的业务流程，不能满足复杂、结构化不强或没有结构的流程的多样性要求。

为了进一步扩展传统工作流管理系统的无中心特性，增加工作流管理系统对异步消息、异步事务和长事务的支持，提高工作流管理系统的事务处理能力，有效改进系统的可用性、可扩展性和容错能力，以及减轻网络传输负担和增加对移动用户的支持等，近年来研究者把软件 agent，特别是移动 agent 技术引入工作流管理系统的研究中。移动 agent 可以在不同的站点之间迁移，并利用站点提供的资源和工作流服务就地执行任务。但是工作流研究者在引入移动 agent 技术时，假设移动 agent 具有内嵌的显式的业务过程逻辑，即事先为移动 agent 编写一个面向过程的工作流说明，定义业务过程的活动、活动之间的转移逻辑以及每一步活动所需要的资源和服务等，令移动 agent 清楚地知道每一步应该做什么和需要什么。至于迁移到哪里去做、如何做等问题，则因移动 agent 实现及其运行环境体系结构的不同而有所不同。尽管移动 agent 可以在运行时将活动实例化，但要编写一个良好的具有显式业务过程逻辑的完整工作流说明，仍然需要系统设计者事先知道业务流程的结构化信息。

为了克服面向过程的工作流方法的不足,William 提出面向目标的工作流设计(Goal-oriented Workflow Design, GOOWFD)方法支持工作流的建模、设计和执行。通过对目标的分析,在工作流设计阶段可以调节需求者之间的矛盾,在运行阶段,通过目标验证判断工作流是否符合需求。工作流模型的建立采用了自顶向下的递阶建模方法,目标逐步分解、逐步细化,分解为若干"and/or"关联的子目标,再将每个子目标映射为若干"and/or"关联的活动或任务。如果工作流定义人员不熟悉全部的组织业务过程和完备的先验知识,或者所建立的工作流模型描述的不是同一个组织结构下的流程,而是一个虚拟组织结构内涉及多个合作伙伴的业务过程,针对工作流目标的分析、验证都将是一个庞大的工程,又因为组织机构中存在着大量临时决定的、非结构化的业务过程,所以对某一个已经提交了的工作流目标及时修改是比较困难的。

面向服务计算(Service Oriented Computing, SOC)为面向目标的工作流研究提供了一种新的思路。面向服务计算表现为一个服务发现、服务绑定和服务利用的过程。其中,服务发现使得工作流执行阶段的系统设计可以借助第三方提供的服务组件进行,因而在很大程度上减轻了工作流设计者的负担,但它仍然需要工作流设计者事前对业务过程进行完整的定义,否则,服务发现设计就没有依据。如果业务过程定义不完善,同样会面临遗留工作流之外的困境。如果工作流环境发生变化,也需要重新进行服务发现设计。

上面的分析表明:在面向目标的迁移工作流中,领域专家可以预先给出工作流目标以及局部的初始定义和信息,而在执行过程中,通过工作位置上的服务主体在工作流空间上的感知移动 agent 的需求,促进移动 agent 边迁移边规划,边迁移边学习,逐步达到工作流最终的目标状态。服务主体如何主动、及时地将相关服务推送给移动 agent 是亟待解决的问题。

本书在国家自然科学基金项目的资助下,以山东大学曾广周教授提出的迁移工作流系统框架为基础,吸收其他领域的研究成果,重点研究实现主动服务的四个主要方法:面向目标的迁移工作流主动服务环境构建方法、部分可观测环境下迁移工作流服务导航方法、面向目标的迁移工作流资源服务推荐方法、迁移工作流多服务主体收益分配方法。这些研究成果丰富和扩展了迁移工作流模型,在基于移动计算范型的协同商务系统中较为常见,这对于推动机构的跨组织、跨地域的工作流应用具有十分重要的意义。

1.2 迁移工作流的相关概念

1.2.1 工作流

工作流(workflow)的概念起源于 20 世纪 70 年代的生产组织和办公自动化领域,通过将工作分解成定义好的任务和角色,按照一定的规则和过程来执行这些任务并对它们进行监控,达到提高工作效率、降低生产成本、提高组织机构生产经营管理水平和组织机构竞争力的目的。

1993 年,国际工作流管理联盟(WfMC)的成立标志着工作流技术开始进入相对成熟的阶段。为了实现不同的工作流产品之间的互操作,WfMC 在工作流管理系统的相关术语、体系结构及其应用编程接口(Workflow Application Programming Interface,WAPI)等方面制定了一系列标准,并给出了工作流的定义。工作流是业务过程的全部或部分自动化,在此过程中,文档、信息或者任务按照一系列过程规则在不同的参与者之间流转,实现组织成员间的协调工作,以期达到业务的总体目标。

随着对工作流技术研究的展开和深入,以及计算机网络技术和分布式数据库技术等辅助技术的迅速发展,工作流技术作为一种有效控制、协调复杂活动执行和信息集成的手段,越来越受到人们的重视,并被广泛应用于各个领域,如制造业、金融行业、医疗行业、政务管理等。

工作流管理系统是能够完成工作流的过程定义和管理,并按照在计算机中预先定义好的工作流逻辑推进工作流实例执行的软件系统。它提供了对业务过程的建模、自动执行、流程统计分析、实例实时监控和跟踪等功能的一系列软件工具集,一方面实现了业务过程在计算机上的自动处理,提高了组织机构的工作和生产效率;另一方面又可以使用户方便地分析组织机构的业务流程,找出不合理之处,快速给出流程重组的方案。因此,工作流是业务流程重构技术的实现和延伸。

工作流管理系统的功能包括以下三方面。

(1) 过程设计与定义:其功能包括建立工作流模型,完成业务过程及相关资源的定义;利用一种或多种建模技术和工具,完成实际业务过程及相关资源到计算机可处理的形式化定义的转化。工作流模型以过程模型为主,过程建模的结果称为过程定义。过程模型中涉及活动之间的连接关系。工作流模型是对反复出现的连接关系进行归纳总结。

(2) 过程实例化与控制:其功能是指在完成过程定义后,由工作流执行服务软件进行实例创建并控制其执行过程。工作流执行服务实现了模型中定义的业务过程与现实世界中实际过程的连接,这可以通过工作流执行服务与应用软件、操作人员的交互来完成。实现这一连接的核心工具是工作流引擎。工作流引擎完成过程的创建、删除、活动执行和控制,并且完成与应用软件及操作人员的交互。

(3) 人机交互:其功能是实现用户与应用工具之间的交互。

图 1-1 描述了工作流管理系统上述三个功能之间的关系。

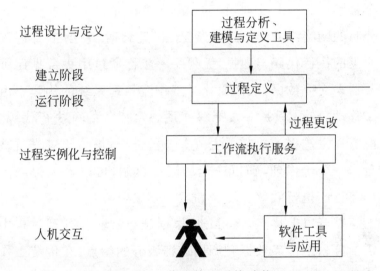

图 1-1　工作流管理系统功能

近年来,研究者把软件 agent,特别是移动 agent 技术引入工作流管理系统的研究中。移动 agent 是一个能在异构网络环境中自主地从一台主机迁移到另一台主机,并可与其他 agent 或资源交互的软件代码实体。因为移动

agent 具有移动性和响应环境变化的能力，所以它可以检测到网络中的拥塞以及连接失败的结点，并根据检测的结果做出相应的对策：等待或绕过拥塞/故障结点，避免数据的丢失和系统崩溃。移动 agent 的迁移与执行建立于移动 agent 运行环境，通过 agent 运行环境对底层平台的封装，可以实现工作流管理 agent 在虚拟机层次上的平台无关性。同时，组织机构的每一个业务过程实例可以由一个移动 agent 来处理，移动 agent 按预先定义好的步骤在分布的网络结点上执行，当 agent 迁移时，它携带着过程所需的执行代码与数据，无须每一步都通过中央数据库服务器来交换数据，从而简化了工作流管理系统的构建。由于移动 agent 只是一段能够实现一定任务的可执行代码，能够在主进程的控制下生成多个子进程，每个子进程可被看作一个子代理，辅以一定的同步机制，可以大大提高工作流程的执行效率。

　　基于以上优点，Cichocki 根据分布式业务处理过程中需要频繁地传递数据和调用远程服务的特点，在传统工作流的研究基础上引入移动 agent 相关技术，提出了一种基于移动 agent 的工作流模型——迁移工作流。迁移工作流实现了一种非常类似人们处理日常业务模式的计算范型，迁移工作流实例携带自己的工作流说明和执行状态到达一个站点，通过协商使用站点提供的服务，接收服务结果，然后迁移到下一个站点。至于下一步迁移到哪一个站点、使用哪一个服务,则取决于业务过程的目标、当前请求的结果以及能提供所需服务的站点集合。

曾广周教授基于移动 agent 计算范型,提出了一种以迁移实例为工作流执行主体,包含迁移工作流引擎、迁移实例、工作位置三要素的迁移工作流系统框架。迁移工作流系统框架由一个迁移工作流管理机和若干已经建立友好信任关系的组织机构局域网互联组成。工作流中的任务执行主体称作迁移实例(migrating instance),它基于移动 agent 构造。迁移工作流管理机的位置可以是一个独立机构,也可以代表发起工作流的某个组织机构,其中,工作流引擎负责创建并管理启动工作流的迁移实例。组织机构局域网包含一个停靠站服务器和若干与其相连的工作机(构成工作机网络),其中,停靠站服务器是迁移实例的工作位置,它接受迁移实例的迁移查询和迁移请求,在迁移实例到达后为迁移实例提供运行环境,并调度工作机网络上的工作流服务和资源服务。在需要时,停靠站服务器还可以创建和杀死迁移实例。所有组织机构的停靠站服务器构成迁移实例的迁移域,因此整个工作流执行是跨机构的。

与现有采用移动 agent 的工作流技术相比,曾广周教授提出的迁移工作流技术具有以下特点:

(1) 定义了迁移工作流的概念模型和迁移工作流构成规范,从模型的高度实现了移动 agent 技术与工作流技术的有机融合。

（2）在一个迁移工作流系统内，不仅支持一个业务流程中多个子任务的并发执行，而且支持多个业务流程的并发执行。

（3）迁移工作流在一个相对封闭的可信任空间中组织与执行，不同于传统移动 agent 所处的 Internet 空间，一方面使系统的安全性与可实施性得到保障，另一方面在实现上可以结合系统实际对迁移实例进行改造。例如，把原先移动 agent 所必须具有的功能放到停靠站上完成，从而实现迁移实例的轻量化，提高迁移效率和适应无线计算环境的能力。

为了实现工作流模型的柔性定义、过程重用、事务管理、异常处理等，研究者提出面向目标的工作流。面向目标（Goal-oriented，GO）的分析方法最早起源于人工智能领域中的专家系统，后来被广泛应用于需求工程（Requirements Engineering，RE）领域，是面向对象（Object-oriented，OO）思想的延伸，用于需求分析的早期阶段，有效补充 OO 对社会实体和目标实体描述的不足，同时可以完整地表述业务过程的特征。面向目标的思想的一个重要特点就是它由多个子目标构成，从而可以根据组织构成、业务运作流程等分解成多个相应的运行方向，而多目标之间由于资源约束所导致的冲突将有待通过提高各实体信息交流和沟通来解决。Browne 提出采用自顶向下的递阶建模方法建立工作流模型,目标逐步分解、逐步细化,分解为若干"and/or"关联的子目标,再将每个子目标映射为若干"and/or"关联的活动或任务。

对于结构化良好的业务流程来说,面向目标的迁移工作流方法可被视作系统正式运行前的迁移实例学习过程。与面向过程的工作流方法相比,面向目标的工作流方法可以为迁移实例赋予更多的信念、愿望、意图等心智属性,为其留下更多的自主规划问题求解行为、选择求解路径和利用资源的活动空间,增长其积累知识、处理例外的能力,理论上符合理性 agent 问题求解原理,实践上既可以增加工作流管理的灵活性,又可以减少过程分解对系统设计者先验知识的依赖。从工作流用户的观点看,说明工作流目标(精确的或近似的)往往要比分解工作流过程和说明执行步骤容易得多,因此,面向目标的迁移工作流改善了传统工作流存在的缺乏柔性、自适应性、规范性等问题,大大提高了工作流系统适应动态环境的灵活性,特别适合需要传递大量数据和/或需要大量调用远程服务的分布式并发处理过程。

在面向目标的迁移工作流研究中,目前虽然在工作流目标描述、迁移实例学习、停靠站服务器体系结构等问题上取得了一些进展,但仍有一些关键技术没有得到解决,例如在多个工作位置上目标驱动的工作流服务组织和对迁移实例的服务导航等。

1.2.2 面向服务计算

面向服务计算作为一种新兴的技术,给开放环境下的分布式应用集成问题带来了曙光。它以服务作为开发应用或者提供问题解决方案的基本元素。万维网联盟(World Wide Web Consortium,W3C)从服务提供者(Service Provider)和服务使用者(Service Requestor)的角度来定义服务,即服务是由不同服务提供者面向不同服务使用者提供的一组遵循标准定义的操作。服务是自治的、平台独立的计算实体,SOC 利用服务作为基本构造单元,通过服务的描述、发布、发现和动态组合,开发分布式的、支持互操作和动态演化的应用系统。

Web 服务(Web Services)是当前实现 SOC 计算范型最有前景的技术,它为上述服务概念的落实提供了使能手段。Web 服务最初是由 Ariba、IBM 和 Microsoft 等公司共同提出的,旨在为因特网上跨越不同地域、不同行业的应用提供更强大的互操作能力。Web 服务主要依托一系列开放的协议和标准。图 1-2 展示了 Web 服务协议栈。

如图 1-2 所示,底层网络传输方面基于广泛使用的因特网标准,如 HTTP、SMTP 等;中间部分包括简单对象访问协议(Simple Object Access Protocol,SOAP)、Web 服务描述语言(Web Services Description Language,WSDL)和通用描述、发现与集成(Universal Description Discovery

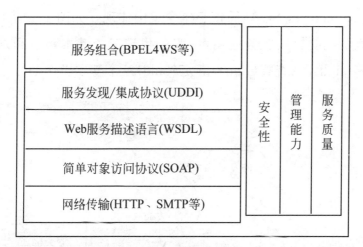

图 1-2　Web 服务协议栈

and Integration，UDDI）协议；而上层部分是诸如BPEL4WS（Business Process Execution Language for Web Services，Web 服务业务流程执行语言）的服务组合描述语言以及关于路由、可靠性及事务等方面的协议。右边部分是各个协议层的公用机制，这些机制一般由外部的正交机制来完成，这部分包括安全、管理和服务质量方面的协议或机制，它们所面对的问题贯穿协议栈的各个层次。

正是由于上述被广泛接受的开放标准，Web 服务已经成为当前最主要的服务实现技术，并逐步成为面向服务计算模式下构造分布式应用的基本元素。面向服务的计算技术对分布式应用集成所带来的最明显的好处可以充分体现在面向服务架构中。面向服务架构（Service-oriented

Architecture，SOA)的核心概念集中体现在如图 1-3 所示的服务提供者、服务使用者、服务代理三个基本角色和发布(publish)、查找(find)、绑定(bind)三个基本操作上。

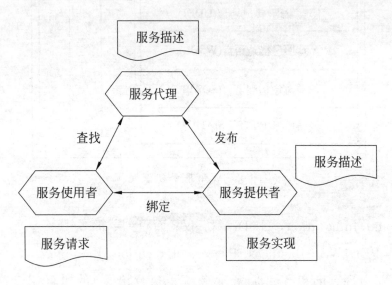

图 1-3 面向服务的构架

简而言之,基于这三个基本角色和三个基本操作就确定了面向服务架构下的一种松散耦合方式的编程模型:服务提供者负责提供服务实现,并将与服务实现相对应的服务描述发布给服务代理;服务代理作为服务提供者和服务使用者间的中介,负责维护一个服务描述注册中心,以管理服务提供者发布的服务描述以及根据服务使用者的服务请求找到合适的服务;服务使用者通过服务代理查找需要的服务,并得到相应的服务描述,根据服务描述可以与服务提供者建立绑定关系,完成服务的调用。其中,服务实现指真正完成服务功能的程序体,它由服务提供者负责编写;服务描述是对服务实现的接口、访问地址及协议等方面内容的描述;服务请求是由服务使用者提出的、对所期望使用的服务的需求描述。

面向服务的工作流是在 SOA 下对业务过程的一种计算机化的表示模型,业务过程中全部或部分活动的执行是利用网络中的服务来完成的,它可被看成是为了完成某一特殊目的而对网络服务的合成。工作流服务具有松散耦合、粗粒度、访问透明、平台无关、面向业务、动态变化等特性,因此面向服务的工作流的多个业务过程之间通过事件或消息来交互,并共享资源或数据。但是服务所具有的使用者与提供者相分离的特征增加了使用者理解并得到所需服务的难度。面向服务的工作流方法与传统的工作流大不相同,工作流在执行过程中需要动态选择并调用服务,因为业务过程随服务的变化而动态变化,所以工作流服务的可用性难以保证。

在基于服务计算的面向目标的迁移工作流中,系统的开发和部署模型都发生了极大的变化,服务的发现与组合成为了系统开发的主要工作。迁移实例尽可能地发现符合要求的服务,并且通过组合实现复杂的业务流程。系统将不再需要事前对业务过程进行完整的定义,也不需要事前建立完整的工作流联盟,因而不仅大幅降低了工作流设计者的负担,而且也大大提高了工作流的柔性,特别适用于那些多机构、大规模、全局业务过程定义困难并且具备移动计算特征的协同业务应用。由于业务服务的分布性决定了其数据源的分布性,在组织机构的整个运营的过程中对这些支持工作流服务的数据源(一般是关系数据库)的组织和管理就存在很大的困难,特别是在形成数据集时的数据一致性问题。另外,现有的服务基于静态部署,而无法感知迁移实例的需求变化,不能及时有效地向迁移实例提供所需的服务,无法实现服务的定制和个性化的服务;服务的分布式处理与集中式服务管理使得工作流服务在实现的过程中不易发现和获取最优的服务,从而影响业务服务的效率。同时,因为工作流服务是基于组件模块式开发的,服务一旦绑定则是固定的,无法适应服务环境和计算资源的变化,特别是当迁移实例的需求随着应用构造过程的演进而变化时,如何让迁移实例及时得到合适的服务是一个需要解决的问题。主动服务计算模式的出现,正是针对以上不足的解决措施。

主动服务是一种新的计算模式。主动服务能根据用户的服务需求,从因特网或本地网络中搜索、发现、挖掘出能够提供用户服务需求的程序,并组装、编译和执行,为用户提供服务。主动服务能够根据用户的个性化要求和特点,对服务进行定制和帮助,从而改变传统服务无法根据用户需求而动态变化、主动适应用户要求的状况。

目前的主动服务系统多为"出版者/订阅者"(publisher/subscriber)型。发送信息的用户称为出版者(publisher)，接收信息的用户称为订阅者(subscriber)。依据出版者和订阅者的主动性，主动服务系统可以分为三种。

1. 以出版者为中心的主动服务系统

出版者处于主导地位，订阅者只有有限的主动性，它向信息中心"预订"信息。订阅者一般处于"睡眠"状态，主动服务器将信息"推"过来时，才唤醒它。这是一种纯粹的解决方案，但效率不高，因为出版者将信息"推"过来时，无法预测用户系统的工作情况。

2. 以订阅者为中心的主动服务系统

实际上还是传统的服务器/客户机(client-server，C/S)结构。订阅者周期性地查询，如有信息或信息更新则将信息"拉"回来，表现给用户一种"推"的假象。过于频繁的查询可能会导致网络和服务器的饱和，降低系统的性能，甚至无法工作。这种系统在对实时性要求比较高的系统中是不适宜的，但它赋予用户更大的自主性。用户可以设置"拉"的间隔和时间，从而提高网络的利用率。

3. 出版者、订阅者相结合的主动服务系统

将上述两种主动服务系统进行结合。预订结束后，订阅者就处于"睡眠"状态,如果有信息或信息更新,出版者通知客户,而不是将信息全"推"过来,再由用户来决定何时从出版者处将信息"拉"回。这样一方面不会丢失信息,另一方面也可以给用户充分的自主性。

主动服务与一般的工作流服务的最大区别在于,主动服务具有对迁移实例需求的自主适应性,而一般的工作流服务没有发现实现服务的程序和数据。一般的工作流服务依靠工作流设计人员预置能提供这些服务的程序,当迁移实例要求这些服务时,系统激活后为迁移实例提供服务。然而,有些服务是不可预知的,工作流设计人员也不可能预置能提供这些服务的程序。因此,主动服务的一个研究重点是如何发现和组织已有的服务资源。按需提供服务是主动服务的基本特征,所以理解迁移实例意图,进行按需导航是主动服务的关键技术之一。根据环境和资源的变化,动态选择服务来满足迁移实例的要求是主动服务动态调整计算资源的重要体现。总之,主动服务可以体现服务的主动性、自适应性和健壮性等智能特性,减少工作流管理系统对事前业务过程全局定义的依赖,增强工作流管理系统处理不完全信息和适应动态环境的能力,推动工作流技术进步和应用。

1.3　本书的工作与创新

本书针对单工作位置环境下主动服务能力不足的问题,在国家自然科学基金项目的资助下,以曾广周教授提出的迁移工作流系统框架为基础,研究了一类面向目标的迁移工作流主动服务方法,包括基于业务熟人域的迁移工作流主动服务环境构建方法、业务熟人域上面向目标的迁移实例导航服务方法、业务熟人域上面向目标的迁移工作流资源服务推荐方法和业务熟人域上多服务主体收益分配方法,并通过实验对研究成果进行了验证和分析。

本书的主要工作有如下 4 点。

(1) 面向目标的迁移工作流主动服务环境构建方法研究。

针对单工作位置环境下主动服务能力不足的问题,本书借鉴人类社会中的"小世界"现象,提出了一种基于业务熟人域的迁移工作流主动服务环境构建方法。方法的基本思想是:首先依据成员合作关系的类型和性质,将工作流联盟上的成员划分为面向目标的"小世界"(称为业务熟人域)集合;然后通过业务熟人域之间的成员合作关系,将工作流联盟上的成员集合映射为一个业务熟人网络,该业务熟人网络即为面向目标的迁移工作流主动服务环境。本书重点讨论了业务熟人域的可构造性质,给出了业务熟人域的构造算法和演化策略。实验表明,基于业务熟人域为迁移实例提供主动服务,较之单工作位置服务有更高的服务能力。

(2)面向目标的迁移工作流服务导航方法研究。

在面向目标的迁移工作流模型中,服务导航是指当前工作位置向迁移实例推荐下一个合适的工作位置,工作位置上的导航主体既可以有全局工作流视图,也可以没有全局工作流视图。本书只研究导航主体缺少全局工作流视图的情况,因此,对服务导航方法的最低要求是不能造成迁移实例迷航而使迁移工作流中断。针对业务熟人域上导航主体缺少全局工作流视图的问题,本书视业务熟人域为当前导航主体部分可观测的工作流环境,采用 POMDP方法,提出了一种基于业务熟人域的服务导航模型,定义了目标关联策略描述规范,给出了服务导航索的生成算法和目标驱动的服务导航算法。实验表明,基于业务熟人域进行服务导航,可以有效避免迁移实例迷航,并具有较高的导航效率和导航可靠性。

(3)面向目标的迁移工作流资源服务推荐方法研究。

在面向目标的迁移工作流模型中,工作流资源服务推荐指工作位置向迁移实例推荐那些能够满足工作流目标的数据、程序、工具和用户,以帮助迁移实例高效地完成那些需要在本地执行的任务。如果工作位置上的工作流资源服务能力受限,轻则会影响工作流进程的速度,重则会造成工作流进程停滞。针对单工作位置上资源服务能力不足的问题,本书建立了一种基于业务熟人域的多主体工作流资源服务推荐方法。为了快速实现成员间的资源服务分担,本书重点研究了成员发现和群组织中的通信协议问题。实验表明,本书建立的通信协议可以有效提高基于业务熟人域的多主体资源服务推荐效率,具有很好的服务可靠性。

(4)面向目标的迁移工作流多服务主体收益分配方法研究。

业务熟人域上的迁移工作流主动服务,本质上是一种多主体联合主动服务。为了保证多主体之间的稳定合作,本书针对现有研究成果中收益分配策略对收益补偿评估的不足,提出了一种基于动态合作博弈的多主体收益分配策略。策略的基本思想是:将多主体收益分配问题化为一个多人动态合作博弈,通过寻求动态合作博弈中马尔可夫完美均衡计算多主体的收益补偿,并利用补偿协调多服务主体最优收益分配。书中定义了多主体共识原则,给出了业务熟人域上的收益分配算法。实验表明,本书提出的收益分配策略能够使多服务主体根据最优共识原则,分配各方的合作收益,从而达到多赢的帕累托最优局面。

本书工作的创新点有以下 3 点。

(1)针对单工作位置环境下主动服务能力不足的问题,提出了一种基于业务熟人域的迁移工作流主动服务环境模型。

业务熟人域是工作流联盟成员集合中面向服务目标的成员子集,其"小世界"性质使得业务熟人域容易构造和演化。由业务熟人域互连而成的业务熟人网络,覆盖工作流联盟上的所有成员和服务,因而可以保证迁移实例有一个目标可达的动态工作环境。与单工作位置环境相比,业务熟人域上不仅蕴含了更强的多主体联合服务能力,而且可以使迁移实例在同一个业务熟人域上就近尽可能地完成多个工作流子目标,从而提高执行效率。

(2)针对业务熟人域上服务主体缺少全局工作流视图的问题,提出了一种部分可观测环境下的迁移工作流服务导航方法。

在面向目标的迁移工作流模型中,业务熟人域上的工作流视图是导航主体唯一可见的局部工作流视图,或称作导航主体部分可观测的迁移工作流环境。与基于全局工作流视图的服务导航模型和算法相比,本书建立的部分可观测环境下的迁移工作流服务导航方法不仅可以使工作流设计者摆脱全局工作流视图难以完善定义的困境,而且能够使迁移实例尽可能地在业务熟人域上迁移和就地工作,因而既可以有效规避迷航风险,也可以提高工作流效率。

(3)针对业务熟人域上的合作稳定性问题,提出了基于动态合作博弈的多主体收益分配策略。

业务熟人域上的服务主体都是理性的工作流参与者，他们在追求工作流全局目标的同时，必定关注自己的收益，因此合理的收益分配是保持业务熟人域稳定的基础。与现有研究成果中的收益分配策略相比，本书提出的基于动态合作博弈的多主体收益分配策略，弥补了现有策略对收益补偿评估的不足，实现了服务主体收益的最优化分配，因而有利于保持业务熟人域上的合作稳定性。

第2章 面向目标的迁移工作流主动服务环境构建方法

2.1 概述

迁移工作流系统的应用领域是一个异构、分布、松散耦合的跨组织业务环境,由若干参与协同业务活动的机构组成,每个机构独立地以工作位置的形式对外承担特定类型的服务。随着协同政务、协同商务、协同制造等业务应用的不断深入,多机构、跨地域的大规模业务协作过程越来越多。囿于部门或机构分工及业务自治等原因,传统的单工作位置为迁移实例提供服务环境具有一定的局限性,在多机构之间建立主动服务环境是有必要的。

为了能够灵活满足多种迁移实例的应用需求,本章主要研究面向目标的迁移工作流主动服务环境构建方法。借鉴人类社会中的"小世界"现象,提出一种基于业务关系的熟人机制,将提供服务资源的实体看作服务主体,根据智能体信念和目标,除了向迁移实例提供自身的资源和服务外,组织并演化各自业务熟人域,向迁移实例提供易用的业务服务环境,提高迁移实例的工作效率,为面向目标的迁移工作流系统实现主动服务奠定基础。

本章首先介绍迁移工作流模型及其系统结构,并给出迁移工作流主动服务环境和业务熟人域的定义,然后提出业务熟人域的构造和演化算法,最后通过实验验证迁移工作流主动服务环境针对迁移实例实现需求目标的有效性。

2.2　迁移工作流及其系统结构

在迁移工作流系统中,通常将一个业务流程分解为若干相对独立的业务过程,并用业务过程之间的关系表示工作流的执行顺序。一个业务过程由若干定义完善的活动(或任务)、资源及它们之间的逻辑关系组成。如果每个迁移实例执行一个目标相对独立的业务过程,则业务流程的全部或部分自动化可以解释为多个迁移实例之间的分布式协同过程。

定义 2-1　迁移工作流 MWF 是一个四元组(wid,m,wp,engine):

wid 为迁移工作流标识;

$m = (\{mi_1, mi_2, \cdots, mi_n\}, mr)$,其中,$\{mi_1, mi_2, \cdots, mi_n\}$是执行 wid 的所有迁移实例的集合;mr 是定义在集合 m 上的迁移实例之间的关系;

$wp = \{wp_1, wp_2, \cdots, wp_m\}$是所有迁移实例可能的工

作位置集合,其中,$wp_i = \{ds, whn_1, \cdots, whn_j\}$($1 \leqslant i \leqslant m$,$j \geqslant 1$),即包含一个停靠站(DS)和一个或多个工作机网络(whn),一个 whn_j 由多台工作机构成;

engine 是面向业务流程目标的工作流引擎,规划实现工作流的执行,如工作位置的组织和管理,任务列表的分配,迁移实例的创建、跟踪、控制与回收,多迁移实例协调,资源使用的协调,业务流程的提交等。

2.2.1　迁移工作流管理系统框架

迁移工作流管理系统由若干已经建立友好信任关系的工作位置组成,包含迁移工作流管理引擎、迁移实例和工作位置三要素,如图 2-1 所示。工作位置(包括停靠站和工作机网络)是迁移实例的运行场所,代表一个机构或企业,为迁移实例提供运行环境和工作流服务。迁移实例是业务过程的执行主体,基于移动 agent 范型设计。任何一个工作位置可以发起一个迁移工作流。迁移工作流管理引擎按照工作流的说明创建迁移实例,为其分派任务,并将其派遣到初始工作位置上启动执行。

2.2.2　工作位置

定义 2-2　工作位置 $wp \in WP$ 是一个四元组(wpid,wps,wpr,wpc):

wpid 为可认证的工作位置标识;

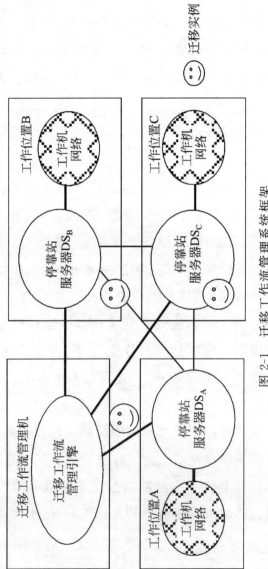

图 2-1　迁移工作流管理系统框架

$\quad$ wps $= \{<\text{ws}_1, \text{server}_1>, <\text{ws}_2, \text{server}_2>, \cdots,$ $<\text{ws}_m, \text{server}_m>\}$ 是 wp 为所有迁移实例提供的工作流服务集合,每个工作流服务包括服务能力 ws 和服务主体 server 两部分,服务主体可以是人、计算机程序或其他工具;

$\quad$ wpr $= \{\text{wr}_1, \text{wr}_2, \cdots, \text{wr}_n\}$ 是 wp 为迁移实例提供的资源集合;

$\quad$ wpc 是 wp 的服务引擎,包括接受迁移实例的查询并做出应答,迁移实例的认证、接受与激活,本地服务与资源的调度、执行与协调,本地安全保护等。

$\quad$ 工作位置的体系结构如图 2-2 所示[①]。工作位置是迁移实例的执行场所,停靠站服务器是工作位置的管理者,认证迁移实例并对合法的迁移实例提供运行时服务和工作流代理服务。它向迁移工作流管理引擎和其他工作位置报告本地工作流服务能力,运行时服务包括提供目录、通信、克隆、派生、安全、迁入、迁出等服务。停靠站服务器上的工作流代理按照迁移实例委托的工作流说明,代替迁移实例调度工作机网络上的工作流资源和工作流服务。

$\quad$ 工作位置上的工作机网络按照本地服务规则为迁移实例提供具体的工作流资源和工作流服务,工作流代理服务具体过程包括:

$\quad$ [①]$\quad$ 该结构由山东大学移动计算及应用实验室设计。

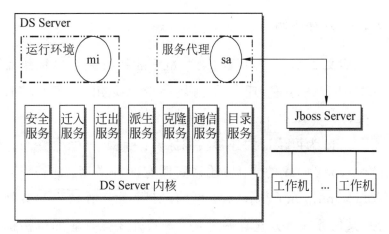

图 2-2　工作位置的体系结构

（1）迁移实例先向服务代理（服务主体）提交需要在本地执行的任务片（在同一个工作位置上可以连续执行的任务序列）信息，然后进入休眠状态；

（2）工作流代理解析任务片，按照任务逻辑和本地规则，驱动服务代理工作；

（3）任务片完成后，通过迁移实例运行时环境唤醒迁移实例并移交服务结果；

（4）迁移实例评价、融合当前结果，进行服务成功/失败处理。

迁移实例在该工作位置得到服务结果后，可以依靠工作位置服务主体提供的主动服务，进行迁移决策，进而迁移到其他工作位置，最终完成其全部工作。

2.2.3 迁移实例

定义 2-3 一个迁移实例 mi∈m 执行一个目标相对独立的业务过程,迁移实例是一个六元组 mi=(miid, type, te, co, s, mc)。

miid 为可认证的迁移实例标识;

type 为 mi 的类型,迁移实例有两种类型,即 type=(omi, imi),omi 表示机构间迁移实例,由工作流发起者创建,其任务执行方式有两种:①查找并委托具体的机构执行其任务;②派生并委托其他迁移实例执行其子任务。imi 表示机构内迁移实例,在机构内的工作机网络内执行任务,其任务描述和执行流程均是预定义的和明确的;

te=({$task_1$, $task_2$, …, $task_n$}, tr), 其中, {$task_1$, $task_2$, …, $task_n$}是迁移实例在整个生命周期中所需要完成的任务集合,tr 是依照目标预先定义的任务执行关系;

co 是 mi 的委托者,如果 mi.type=omi,则 co 是派生 mi 的迁移实例,如果 mi.type=imi,则 co 表示 mi 服务的机构间迁移实例;

s=(mp, p, tol, s)是迁移实例的状态,包括允许 mi 迁移的位置集合 mp(如果是 omi,则 mp 为由停靠站组成的域,如果是 imi,则 mp 为一个企业内部的工作机网络),p 表示 mi 当前所处的位置,tol 表示 mi 的生命周期,s 表示 mi 的当前状态;

mc 为迁移实例 mi 的工作机,包括任务的分解、执行与中止,多任务协调,当前工作状态捕获,资源与服务的可满足性检测,迁移查询等。

迁移实例是工作流的执行主体,轻量级的迁移实例的体系结构如图 2-3 所示[①]。

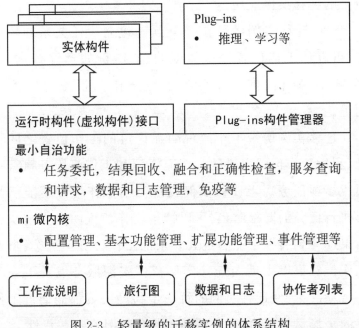

图 2-3　轻量级的迁移实例的体系结构

该体系结构保证了迁移实例的最小自治性(如任务片调度与安全等),同时支持按需引用工作位置提供的运行

---

① 该结构由山东大学移动计算及应用实验室设计。

时服务和工作流服务。迁移实例微内核包括配置管理、基本功能管理、扩展功能管理、事件管理等。

迁移实例采用轻量化设计的理由有如下几条。

（1）代码规模越大，迁移越困难而且容易故障。

（2）无线环境中便携设备能力有限，不能支持代码规模大的迁移实例应用。

（3）迁移实例运行在一个预先建立信任关系的环境中，可以让工作位置提供适度的服务，例如远程查询、迁移、协商、通信、推理、学习、本地工作流资源与服务调用等。

迁移实例携带工作流说明在许可的工作位置之间移动，利用工作位置提供的工作流资源和工作流服务执行一项或多项任务。当迁移实例发现当前工作位置不能满足其执行任务的要求时，它可以携带工作流说明和当前执行结果迁移到另一个能满足其要求的工作位置上继续执行。工作位置可以主动向迁移实例提供资源服务以及下一步的行动决策，使迁移实例的每一步移动决策都能逼近工作流的全局目标，又使产生的新工作位置具有可替代性。

2.2.4 迁移工作流管理引擎

一个业务流程实例被初始化后，其执行依靠迁移实例之间的协作和交互，与迁移工作流引擎保持松散耦合的关系，因此迁移工作流管理引擎的许多管理功能被分散到各工作位置上,形成一种弱中心分布式的系统架构。本章将通过工作位置向迁移实例提供主动服务来保证迁移工作流的可达性和正确性。除了定义并组织工作流外,迁移工作流管理引擎主要负责工作位置的管理,包括成员(部门或机构)加入/退出、协作关系的建立、管理与更新、成员状态的监控与审计等。此外,工作流管理引擎还需负责工作流状态监控与故障处理,为了减弱引擎的中心地位,避免单点故障和性能瓶颈,监控功能被分派到多个可移动的监控者上,通过监控者之间的协同合作,实现工作流执行状态的采集、获取、检测和处理。

迁移工作流管理的引擎工作原理如图 2-4 所示[1],主要功能包括:

(1) 组织静态联盟,包括成员(部门或机构)加入/退出、协作关系的建立、管理与更新、成员状态的监控与审计等;

(2) 定义并组织工作流,包括定义工作流、组织工作流域(动态联盟和任务分配)、创建迁移实例、启动工作流等;

(3) 工作流状态监控(如迁移实例位置追踪、状态和行为审计、终止、召回等)与故障处理(如迁移实例夭折、任务失败等)。

---

① 该结构由山东大学移动计算及应用实验室设计。

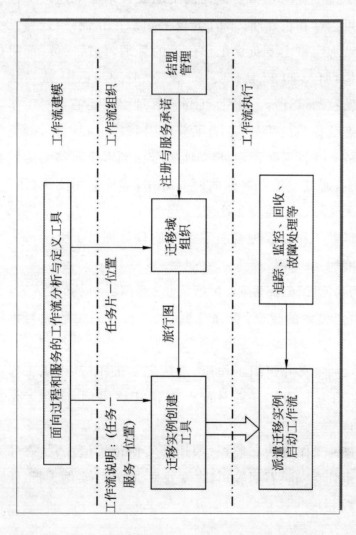

图 2-4　迁移工作流管理的引擎工作原理

2.2.5　迁移工作流组织策略

1. 静态联盟组织策略与动态联盟组织策略

迁移工作流中包括静态联盟组织策略和动态联盟组织策略两种。

定义 2-4　静态联盟组织策略是指联盟成员面向中长期目标保持合作关系。

静态联盟组织通过批准成员加入/退出、授权、行为审计等进行成员管理,成员注册的内容包括服务内容、服务形式、服务位置、服务环境、服务条件等。迁移实例仅在一个缔结信任关系的有限空间上移动(工作流空间 $\neq$ Internet 空间)是静态联盟组织的特点。

定义 2-5　动态联盟组织策略是指面向一个特定业务流程的结盟,其任务是根据工作流定义和联盟成员注册的服务,组织工作流域,创建迁移实例,启动工作流。

建立动态联盟组织的基本方法:基于承诺的结盟、基于信任(熟人)的结盟以及基于竞争(合同网模型)的结盟等。本书将采用基于信任(熟人)的结盟方法。

2. 面向过程组织策略与面向目标组织策略

定义 2-6　面向过程组织策略是指采用过程方式驱动迁移实例工作,即移动 agent 运行时携带一个基于业务过程分解的工作流说明,工作流说明包括需要执行的任务及必须遵守的任务步骤。

面向过程组织策略编写面向过程的工作流说明,要求工作流设计者预先具有业务流程的先验知识,即必须知道每一步做什么,并且知道步骤之间的转移逻辑,仅将"到哪里做"和"如何做"的问题留给迁移过程。一方面,预先定义的严格步骤和控制逻辑使得迁移实例失去灵活性,难于应对工作流例外;另一方面,对于许多非结构化的业务过程来说,要求工作流设计者预先知道严格的流程逻辑是不现实的。

定义 2-7 面向目标组织策略是指采用目标驱动方式驱动迁移实例工作,即迁移实例在工作流服务空间上完成面向目标的服务发现、评价、选择、迁移和利用。

面向目标组织策略中,迁移实例每迁移一步,都使工作流按照局部最优方式从初始状态向目标状态逼近,迁移实例有更多的自主权。不完全和不精确的工作流执行知识和执行过程可以在迁移实例不断地感知环境、发现服务以及与用户交互的过程中得到补充、修正和完善,不再要求工作流设计者事先具有完备和精确的业务过程知识。对于工作流用户来说,说明工作流目标往往要比描述工作流过程容易的多,因此,面向目标的迁移工作流机制不仅方便工作流应用,而且可以减少过程分解对设计者先验知识的依赖,提高系统的灵活性,支持自组织(ad hoc)工作流管理。

3. 旅行图静态规划组织策略与动态规划组织策略

旅行图描述了迁移实例执行任务的工作位置集合和迁移顺序。旅行图的设计原则是迁移实例在同一个工作位置上尽可能多地连续执行任务,以减少迁移次数。一般是按照任务片规划旅行图,即任务片与工作位置相关联。旅行图的设计一般采用静态规划组织策略和动态规划组织策略两种。

定义 2-8　静态规划组织策略是指在迁移工作流设计阶段,规划迁移实例执行任务的工作位置集合和迁移顺序。

静态规划组织策略中,工作流发起者先定义工作流,再向静态联盟成员发布工作流需求,所有愿意参加本次工作流活动的成员向工作流发起者报告自己可以承担的任务及服务契约。工作流发起者依据成员报告,评价工作流执行的可满足性。如果可以启动工作流,则创建迁移实例并为其规划旅行图、设定可以创建、复制和派生迁移实例的位置。

定义 2-9　动态规划组织策略是指旅行图中的迁移路径是在迁移工作流执行阶段通过服务的发现以及评价而生成的。

动态规划组织策略中,迁移实例在当前工作位置上完成一个任务,查询本地服务,完成下一个任务,直至没有合适的服务为止,然后启动新的迁移。本书将采用对迁移实例服务导航以及向迁移实例推荐资源服务的方式实现旅行图动态规划策略。

2.2.6 面向目标的迁移工作流主动服务环境

面向目标迁移工作流以定义 2-1 为基础,添加工作流复合目标 g_c 元组。g_c 是通过多个执行主体(迁移实例)实现的,每个迁移实例实现具有唯一状态且不可分解的子目标。

定义 2-10 $g_c = (g_{name}, g_{time}, g_{cost}, \{g_{mi}\})$,其中,$g_{name}$ 表示复合目标的名称;g_{time} 表示实现复合目标的有效时间;g_{cost} 表示实现复合目标所耗费的代价;$\{g_{mi}\}$ 表示实现复合目标的子目标集合。

与面向过程的迁移工作流方法相比,面向目标的迁移工作流方法可以为迁移实例留下更多的自主规划问题求解行为、选择求解路径和利用资源的活动空间,但是如果迁移实例得不到实现正确决策的充要信息,可能会造成迁移实例迷航或工作流中断,采用主动服务的计算模式可以解决这个问题。

定义 2-11 迁移工作流主动服务是指工作位置对迁移实例的工作位置导航和工作流资源推荐。

面向目标的迁移工作流主动服务方法的研究依靠工作位置已有的服务资源,并引入服务的主动发现、定制、加载与使用机制,为迁移实例导航或推荐,为其发现、定制和运行能够满足迁移实例需求的服务,从而改变当前迁移实例只能被动地使用现有服务的应用模式的现状。

　　面向目标的迁移工作流框架中,工作位置的主动服务信息是帮助迁移实例实现移动决策的基础,迁移实例通过主动服务的建议和面向工作流目标的决策,迁移到一个合适的工作位置上继续就地利用工作流服务执行任务,直至全部流程结束。上述流程之所以不需要事前完整定义就可移动执行,是因为在任何一个存在协同业务的社会合作系统中,每一个参与机构都可以依据自己的业务熟人关系,向任务执行者提供主动服务,尽管熟人之间也未必完全了解对方的全部业务或全部工作过程。被推介的熟人仍然可以推介自己的熟人,并由此构成一个动态的业务熟人链,每个链对应一条迁移工作流执行路径。所有迁移工作流执行路径上的工作位置链接成一个业务熟人网络,也称作迁移工作流主动服务环境。

　　定义 2-12　　迁移工作流主动服务环境(业务熟人网络)是一个无向图 $ban=(v,e)$。其中,v 是迁移工作流工作位置 wp 的结点集;e 是迁移工作流服务环境的边集,满足对任意的边 $e(wp_1,wp_2) \in e$ 表示迁移工作流执行路径中,迁移实例从工作位置 wp_1 迁移到工作位置 wp_2。

　　性质 2-1　　一致性(consistency):业务熟人网络的服务资源总能维护一致状态,即使失效之后也是如此。

性质 2-2 持久性(durability)：在业务熟人网络中对服务资源的更新是永久性的。

迁移工作流主动服务环境所具有的一致性和持久性保证了迁移工作流的可达性和可靠性。

定义 2-13 实现目标 G_r 的业务熟人域 bad 是一个迁移工作流主动服务环境 ban 的一个子图 $D_{G_r}=<V_{G_r},E_{G_r}>$，其中，$E_{G_r}\subseteq E$ 是 E 中所有与 G_r 相关的边构成的子集，$V_{G_r}\subseteq V$ 是 E_{G_r} 中所有边的顶点集合，即所有实现目标 G_r 的工作位置子集。

由此，工作流联盟上的成员划分为面向目标的"小世界"，即业务熟人域集合，业务熟人域之间的成员合作关系，将工作流联盟上的成员集合映射为一个业务熟人网络，该业务熟人网络即为面向目标的迁移工作流主动服务环境。每个业务熟人域都提供一个或多个面向目标的工作流服务，业务熟人网络上所有业务熟人域提供的服务，对工作流全局目标具有可满足性。基于业务熟人域的主动服务模式将不再需要事前对业务过程进行完整的定义，这不仅可以大大降低工作流设计者的负担，而且会提高工作流的柔性，特别适用于多机构、跨地域的大规模协同业务应用。

2.3　迁移工作流业务熟人域研究

2.3.1　迁移工作流的业务熟人域

所谓小世界现象,或称"六度分离"(six degrees of separation),是社会网络(social networks)中的基本问题,即每个人只需要很少的中间人(平均 6 个)就可以和全世界的人建立起联系。在这一理论中,每个人可被看作图(graph)的结点,并有大量路径连接着他们,相连接的结点表示互相认识的人,这是一个涉及社会学、数学和计算科学问题的多学科交叉问题。由于迁移工作流的服务主体的组织与人类社会组织具有比较自然的对应,本节建立的迁移工作流业务熟人域将借鉴小世界现象理论。

定义 2-14　对于一个工作位置上的服务主体,其业务熟人域定义为共享同一"域标识"(identifier)的具有业务合作关系的其他工作位置上的服务主体的集合。tag 是域在迁移工作流执行环境中的唯一标识。域内的服务主体称为域成员或熟人元素。

定义 2-15　服务主体 A_i,A_j 互为熟人是指在它们有过业务合作关系,它们之间的关系记为 $acq(A_i,A_j)$。

迁移工作流主动服务环境中任一服务主体 A_i,具有以下性质(如图 2-5 所示):

性质 2-3 （1）A_i 与其所有同域的服务主体互为熟人；

（2）A_i 至少与一个非同域的服务主体保持熟人关系。

由此可见,熟人关系具有以下性质:

性质 2-4 （1）自反性：$acq(A_i,A_i)$ 成立；

（2）对称性：$acq(A_i,A_j) \equiv acq(A_j,A_i)$；

（3）非传递性：如果 $acq(A_i,A_j)$,$acq(A_i,A_k)$ 成立,则 $acq(A_j,A_k)$ 不一定成立。

定义 2-16 服务主体 A_i 与 A_j 的关系强度是指服务主体 A_i 与 A_j 的熟人域的重叠部分的大小。

当服务主体 A_i 与 A_j 之间无关系时,服务主体 A_i 与 A_j 的熟人域没有重叠;而服务主体 A_i 与 A_j 之间为强关系时,服务主体 A_i 与 A_j 的熟人域重叠最大;当服务主体 A_i 与 A_j 之间为弱关系时,重叠部分的大小居于最大值和最小值之间。

显然,由以上定义可知,在迁移工作流主动服务环境中,处于同域的服务主体之间的连接是强关系,即每个服务主体会拥有一个熟人集合,该熟人集合中的大多数成员都彼此联系。同时,该服务主体会拥有另外的集合保持连接的弱关系(如图 2-5 所示)。保持弱关系的域中很少有成员彼此关联,然而这些成员都有各自的熟人集合。这样的结构决定了熟人域成员间是一种紧耦合的彼此紧密连接的关系,而熟人域间则只是通过跨域的稀疏连接构成一定的熟人关系。显然,弱关系连接域保持一定局部结构的同时,也是建立熟人网络全局视图的一种方法。

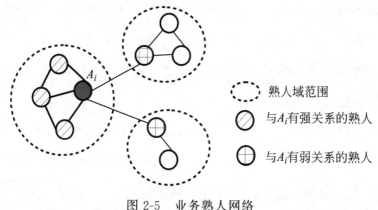

图 2-5　业务熟人网络

2.3.2　业务熟人域的构造

服务主体为了尽可能向迁移实例提供多的服务推荐信息,会组织自己的业务熟人域,使得迁移实例的目标在熟人域中传递、分解、执行。熟人之间为了能够互相信任,需要达成一定共识,定义 2-17 给出了服务主体知识库的定义。

定义 2-17　服务主体的知识库定义为

$$K_\Gamma(A_0) = \{\varphi \mid (\text{Bel}A_0\varphi) \wedge A_i \in \Gamma: (\text{Bel}A_0(\text{Bel}A_i\varphi)) \wedge B_i \notin \Gamma: (\text{Bel}A_0 \neg(\text{Bel}B_i\varphi))\}$$,其中,$(\text{Bel}A_i\varphi)$ 表示服务主体 A_i 有一个信念 φ(或相信 φ),Γ 表示 $\text{agent}A_0$ 的熟人域。

由以上定义知,服务主体 A_0 不相信服务主体 B_i 所相信 φ 的事实(能够提供的业务服务),则服务主体 B_i 不属于服务主体 A_0 的熟人域中的成员。对应服务主体所建立的熟人域 $\Gamma \subseteq \Theta(A_0 \in \Gamma)$,$A_0$ 所建立的熟人域实际上为实现一个明确的域目标 G_Γ,域成员都需要能够执行。域目标定义如下:

定义 2-18 一个域目标 G_Γ 是一个四元组$(\vartheta, K, \Gamma, \psi)$,其中,$\vartheta$ 是目标的终态,K 是可用的知识库,Γ 是目标所属的熟人域,ψ 是目标的当前状态。

目标 G_Γ 的实现可以表示为一个树状的执行过程,每一个子状态实际是树上的一个分支结点,即一个熟人所能实现的子目标,所以目标树的构造过程可被看作熟人域的构造过程。

设任一域目标 G_Γ 的结构都可以归约为一棵"与-或"树,记作 and-or-tree(G_Γ),如图 2-6 所示,满足:树的根结点表示目标 G_Γ;树的中间结点表示需要多个服务主体协作才能完成目标;树的叶子结点表示可以被单个服务主体独立完成的目标,称作原子目标。

性质 2-5 目标之间的逻辑关系存在性。有且只有同一目标的直接子目标之间存在逻辑关系,并且是 and 或 or 两种关系之一。

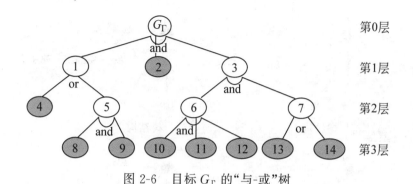

图 2-6　目标 G_{Γ} 的"与-或"树

性质 2-6　相邻层目标集逻辑关系递变性。某层各子目标集内的关系与其相邻层各子目标集内的关系不同,如果两层内均为 and 关系,或均为 or 关系,则将两层合并为一层。

图 2-7 列出了业务熟人域中 4 种"与-或"树结构,并说明了在上述约定下的无二义性语义,其中≡表示"等价",a⇒b 表示 a 的完成可以实现目标 b。

下面给出业务熟人域目标分解递归算法。

算法 2-1　业务熟人域目标分解算法 badg(g)。

step 0. 以 G_{Γ} 为根结点,设标识 s 为.t.;
step 1. while(存在 s=.t.的目标结点)
　任选一个 s=.t.的目标结点,设为 g;
　1.1　if(g= $g_1 \wedge g_2 \wedge \cdots \wedge g_n$)
　　　设 g 的标识 s=.f.;
　　　在域中增加 $g_1, g_2, \cdots, g_n$ "与"子结点,并设标识 s=

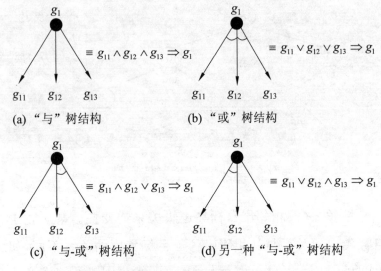

(a) "与"树结构   (b) "或"树结构

(c) "与-或"树结构   (d) 另一种"与-或"树结构

图 2-7   业务熟人域中 4 种"与-或"树结构

          .t.;

        按照图 2-7(a)构造域结构,返回 step 1;

    1.2   if(g= $g_1 \vee g_2 \vee \cdots \vee g_n$)

        设 g 的 s=.f.;

        在域中增加 $g_1, g_2, \cdots, g_n$"或"子结点,并设它们的 s=
.t.;

        按照图 2-7(b)构造域结构,返回 step 1;

    1.3   if(g 分解成 $g_1, g_2, \cdots, g_n$"与" 或"运算形式)

        设 g 的标识 s=.f.;

        在域中增加 $g_1, g_2, \cdots, g_n$"与"和"或"子结点,并设 s=
.t.;

        按照图 2-7 (c)(d)构造域结构,返回 step 1;

    1.4   if(g 可以被单个服务主体独立完成)

设 g 的标识 s=.t.；

返回 step 1；

step 2.end.

服务主体建立自己的业务熟人域时，需要遵循熟人的产生规则和熟人的优先规则。

熟人的产生规则定义如下：

定义 2-19　熟人的产生规则。

$\partial(A_i) = \{\partial : k \wedge g \rightarrow \partial \mid k \in K_{\Gamma_{A_i}}, g \in G_{\Gamma_{A_i}}\}$，其中，$k$、$g$ 分别表示服务主体 ∂ 的知识和目标；$K_{\Gamma_{A_i}}$、$G_{\Gamma_{A_i}}$ 分别表示服务主体 A_i 的熟人域的知识库和目标库。

熟人的产生规则表示，当 k 属于知识库 $K_{\Gamma_{A_i}}$ 和 g 属于目标库集合 $G_{\Gamma_{A_i}}$ 时，∂ 是服务主体 A_i 的业务熟人。

一个服务主体可能有多个熟人符合条件可以向迁移实例推荐，但有时候不需要多个熟人同时完成目标，因此必须定义熟人优先规则，来确定能实现同一个子目标的熟人优先关系。在主动服务过程中，服务主体会为被成功推荐的熟人的推荐度 r 增加等级，以便在下一次主动服务过程中提供更有效的推荐服务。

定义 2-20　熟人优先规则。

$P(A_i) = \{\partial : g_a \wedge g_b \wedge R_a > R_b \rightarrow \partial_a > \partial_b \mid \partial_a, \partial_b \in A_i, g_a, g_b \in G_{\Gamma_{A_i}}\}$，其中，$\partial_a$、$\partial_b$ 表示服务主体 A_i 的熟人；g_a、g_b 表示熟人 ∂_a、∂_b 的目标；R_a、R_b 表示熟人 ∂_a、∂_b 的推荐度。

熟人优先规则表示，当 g_a 和 g_b 同属于目标库 $G_{\Gamma_{A_i}}$，同时熟人 ∂_a 的推荐度大于熟人 ∂_b 的推荐度 $R_a > R_b$ 时，服务主体 A_i 在主动服务过程中，熟人 ∂_a 优先于熟人 ∂_b。

算法 2-2　业务熟人域构造算法 cbad。

```
step 0. do badg(g);
step 1. 查询资源列表,根据熟人产生规则选取熟人;
        if(多个熟人能够满足目标)
            根据熟人优先规则选取熟人;
step 2. output(业务熟人域).
```

服务主体根据算法 2-2 得到域目标分解的结果,然后根据熟人产生规则和熟人优先规则建立自己的业务熟人域,进一步生成业务熟人网,只是因为业务熟人域是迁移工作流服务环境的组成元素,即业务熟人域互联组成迁移工作流服务环境,符合小世界现象揭示的基本性质。

2.4　业务熟人域的演化

域的演化是在迁移工作流主动服务过程中逐步发生的,每一个服务主体为了寻求可靠性更强、信誉度更高的合作者,会对其业务熟人域成员进行纳新,与此同时,会采用去输存赢的策略淘汰成员,这使得业务熟人域和外部连接关系不断变化。

2.4.1　域成员的纳新

为了能够向迁移实例提供可靠的主动服务,服务主体总是倾向扩大自己的业务熟人域。成员的纳新采用信念和目标驱动机制。任何一个业务熟人域都只会接纳支持自身信念和目标相同范畴的工作位置加入,例如,服务主体 A_i 的熟人域 Γ_{A_i} 接纳服务主体 A_j($\mathrm{agent}A_j \in \Gamma_{A_j}$)为新的域成员,如果满足以下条件,则可以纳新。

(1) $K_\Gamma(A_j) = \{\varphi \mid \mathrm{Bel}A_j(\mathrm{Bel}A_i\varphi)\}$,服务主体 A_j 对服务主体 A_i 的熟人域信念有共识。

(2) $g_{A_j} \in G_{\Gamma_{A_i}}$,服务主体 A_j 的目标是实现服务主体 A_i 的目标的一部分。

域成员的纳新过程如图 2-8 所示。

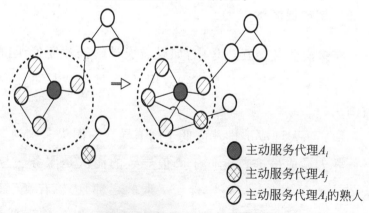

● 主动服务代理A_i

⊗ 主动服务代理A_j

◍ 主动服务代理A_i的熟人

图 2-8　业务熟人域成员的纳新过程

算法 2-3　域成员的纳新算法 da。

step 1. 服务主体 A_i 接收迁移实例需求目标；
　　　if (本域完不成任务)
　　　　　对服务主体 A_j 进行评价；
step 2. if (服务主体 A_j 不满足条件(1)和条件(2))
　　　　　执行 step 6；
step 3. 服务主体 A_j 不放弃原熟人域；
　　　服务主体 A_i 与服务主体 A_j 建立关联；
step 4. 服务主体 A_j 与服务主体 A_i 所在域的属于有相同目
　　　标库 $G_{\Gamma_{A_i}}$ 的成员建立熟人关系；
step 5. 服务主体 A_i 为服务主体 A_j 建立推荐度表，记录 A_j
　　　的成功次数作为日后维持熟人关系及删除关系的
　　　依据；
step 6. end.

2.4.2　域成员淘汰

在多次业务交互过程中，如果域成员的推荐度低于阈值或者索取支付超过自身实际效用，则这样的成员可能会被淘汰。

（1）熟人域成员推荐度低于阈值导致的淘汰。

熟人域成员推荐度低于阈值导致的淘汰是服务主体为了维护自身熟人域稳定性所采取的一种"去输存赢"策略，当某个域成员的推荐度小于给定阈值 r，将会触发该过程。具体来说，若主动服务过程中服务主体 A_j 在域 Γ_{A_i}

内被推荐时,造成业务失败,此时域发起者会对其推荐度减 1,当推荐度低于阈值时,将淘汰服务主体 A_j。

算法 2-4　基于推荐度的域成员淘汰算法 de-r。

step 1. if(服务主体 A_j 在域 Γ_{A_i} 内被推荐时,造成业务失败)

　　　　域的发起者服务主体 A_i 更新推荐度表,对其推荐度减 1;

　　　　if(推荐度<阈值 r)

　　　　　　执行 step 4;

step 2. 服务主体 A_j 与服务主体 A_i 解除熟人关系;

step 3. 更新域 Γ_{A_i} 的目标支持范畴 $G_{\Gamma_{A_i}}$;

step 4. end.

(2) 熟人域成员索取支付超过实际效用导致的淘汰。

与熟人域成员推荐度低于阈值导致的淘汰不同,域成员有可能因为支付 v 超过自身效用 u 导致的淘汰,主要是可以避免收益分配不均而引起域的不稳定性。具体来说,在域中成员每次合作结束后,要进行收益分配,判断是否有超过期望支付,从而破坏域成员之间的收益均衡。如果有,则淘汰成员条件如下:

$$r = \{u_{A_j} > u_{A_K} \land v_{A_j} < v_{A_K}; A_j, A_k \in \Gamma_{A_i};$$
$$g_{A_j}, g_{A_K} \in G_{\Gamma_{A_i}}\}$$

该式表示当 A_j 和 $A_k \in \Gamma_{A_i}$, g_{A_j} 和 $g_{A_K} \in G_{\Gamma_{A_i}}$ 时,如果业

务熟人服务主体 A_k 的效用小于业务熟人服务主体 A_j，但前者索取支付高于后者，将淘汰前者。

算法 2-5 基于支付的域成员的淘汰算法 de-p。

```
step 1.if(u_{A_j}<u_{A_K} and u_{A_j}>u_{A_K})
               执行 step 4;
step 2.服务主体 A_j 与服务主体 A_i 解除熟人关系;
step 3.更新域 Γ_{A_i} 的目标支持范畴 Gr_{A_i};
step 4.end.
```

2.5 验证与分析

本节将通过实验验证基于业务熟人域构建面向目标的迁移工作流主动服务环境对迁移实例完成需求目标的有效性。

本节实现一个基于迁移工作流环境的自助旅游服务系统，如图 2-9 所示。迁移实例指代表个人或机构迁移到工作位置实现预订房间或机票等目标的移动 agent；工作位置指旅馆或订票机构等。在图 2-9 中，迁移实例是自助旅游的代理系统；工作位置 A 是接受自旅游申请的服务部门，其有 8 种类型的业务熟人域：住宿业务熟人域、交通票务业务熟人域、保险业务熟人域、景区门票预订业务熟人域、导游业务熟人域、纪念品业务熟人域、租车业务熟人域以及医疗服务熟人域。每类业务熟人域具有多个有相同

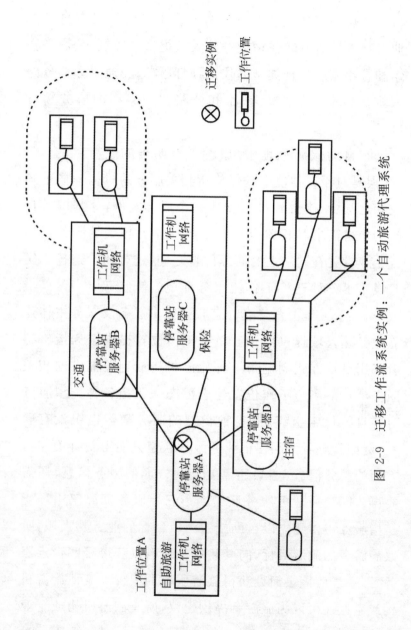

图 2-9　迁移工作流系统实例：一个自动旅游代理系统

目标范畴的工作位置。这8种旅游业务分别又有自己的业务熟人域,例如,住宿业务熟人域提供星级酒店、商务宾馆和青年旅店三种类型的住宿预订服务;交通票务业务熟人域提供航空、航海、铁路和公路四种类型的票务预订服务。

在自助旅游流程中,旅游者有明确的旅游目的:济南,但是对于其他能够提供旅游相关服务的机构一概不知或知之甚少,旅游者可以创建一个迁移实例,令其携带自己的旅游需求和相关资料游走于各旅游相关的服务机构或企业设置在网络上的商务门户之间,进行比价选择。实验设定了三种迁移工作流服务环境:单个工作位置提供服务、多个工作位置建立静态联盟提供服务及服务主体建立业务熟人域提供服务。单个工作位置提供服务指旅游者采用目录方式浏览每一种旅游机构或企业提供的相关服务项目。多个工作位置建立静态联盟指各种类型服务有各自的稳定组织,但每种类型的服务联盟组织没有联系,例如旅游者访问住宿业务服务联盟只能得到有关住宿方面的服务信息,如果还需要交通方面的服务信息,还需要再访问交通业务服务联盟。第三种服务资源使用环境是指服务主体建立以自助旅游为域目标的业务熟人域,听取旅游者的旅游目标,向其建议就地可以获得哪些预定服务、下一步应该去何处获得旅游服务的建议。其他旅游机构或企业还可以为旅游者提供建议,所有旅游机构或企业的合理建议为旅游者动态地定义了一个旅游流程。

实验首先比较了当迁移工作流业务服务不断增加时迁移实例在三种服务环境实现需求目标的时间,其次分析当迁移工作流提供的服务达到 30 个时,随着需求目标数量的变化,迁移实例通过服务实现全部需求目标的时间变化规律。

图 2-10 显示了迁移实例采用服务主体基于业务熟人域推荐的服务实现需求目标所花费的时间比其他两种方法的时间少且比较稳定。这是因为提供自助旅游服务的服务主体在自己的业务熟人域范围内寻找可以推荐给迁移实例的服务,与多个工作位置建立静态联盟的方法相比,这种方法可以在更信任的基础上在更小范围内为迁移实例推荐服务,从而使迁移实例规划行动建议的时间减少,而直接在单个工作位置上实现需求目标花费的时间会随着服务数量的增加而增长。

图 2-11 显示了当工作位置的业务熟人域达中熟人关系稳定后,迁移实例采用服务主体推荐的服务实现完成需求目标所花费的时间比其他两种方法的时间少且比较稳定。当业务需求目标超过 4 个时,时间增长的幅度比较缓慢,并且之后的增长也趋于稳定。这是因为,工作位置上的服务主体虽然在系统的运行初期建立业务熟人域需要一定的时间,随着业务需求目标的增长,与迁移实例交互过程获得稳定的域拓扑结构。在业务熟人关系形成后,该

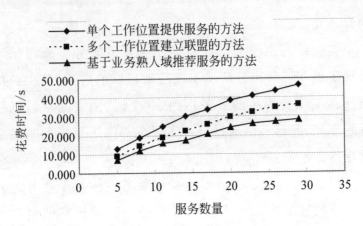

图 2-10　迁移实例实现需求目标所花费的时间

机制可最大限度地提高主动服务成功速度,从而提升系统性能,而直接在单个工作位置提供服务的方法和多个工作位置建立联盟提供服务的方法会随着需求数量的增加迁移实例实现需求目标所花费的时间迅速增长。

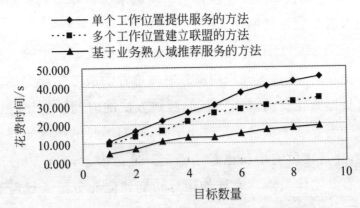

图 2-11　迁移实例实现所有需求目标所花费的时间

第3章 部分可观测环境下迁移工作流服务导航方法

3.1 概述

在面向目标的迁移工作流方法中,每个工作位置上的服务主体可以作为导航主体对迁移实例提供导航服务。因为导航主体都只能为迁移实例提供自己基于局部工作流视图的帮助,相对于全局目标来说,它仅是一个部分可观测的环境,所以,单位置导航使得迁移实例可能得不到实现正确决策的充要信息,以至于造成迁移实例迷航或工作流中断。部分可观测环境中迁移实例的求解路径不偏离全局目标成为当前的技术难点之一。

在部分可观测的迁移工作流环境下,迁移工作流系统需要一种"主动"的机制保障迁移实例移动决策逼近全局目标。本章在第2章的研究基础上,通过导航主体在自己的业务熟人域内实现对迁移实例的导航,使迁移实例的每步移动决策都能逼近全局目标,又使产生的新工作位置具有可替代性。面向目标的迁移工作流服务导航方法,将显式的全局性业务过程定义和工作流调度隐式地分布于由工作流参与者形成的业务熟人网络上。由于每个工作位置都是一个帮助迁移实例求解业务过程的知识源,因此,本质上也是一种基于分布式知识的工作流问题求解系统。基于分布式知识系统求解工作流问题,符合多 agent 系统特征,不仅可以有效降低对工作流设计者知识完备性的要求,而且可以增加工作流管理的柔性。

本章首先定义了部分可观测的迁移工作流环境,并建立了部分可观测环境下的服务导航模型;然后定义了通用的基于本体论(Ontology)的环境描述规范,用于解决部分可观测环境中不易描述的问题,使得导航主体可理解工作流环境的动态变化,并触发目标相关性评价;最后介绍了一个目标驱动的服务导航算法,促使导航主体为迁移实例提供满足寻航目标的服务,是实现面向目标的迁移工作流主动服务的有效方法。

3.2　部分可观测的迁移工作流环境

随着协同政务、协同商务、协同制造、协同诊疗、协同应急指挥等业务应用的不断深入,多机构、跨地域的大规模业务协作过程越来越多。囿于部门或机构分工及业务自治等原因,在多机构之间建立统一的工作流模型及中心化的工作流管理系统是困难的。虽然 WfMC 规范建议可以通过不同工作流引擎之间的互操作,实现跨机构工作流管理系统之间的应用集成,但因为系统集成涉及任务分担模式、结果共享方式、数据转换格式、访问权限及访问路径设置等诸多因素,所以工作流设计者不仅要知晓完整的业务流程,而且要熟悉所有参与机构承担的业务及其应用接口功能。机构越多,业务协同范围越大,全局性知识就越复杂,就越难以掌握和完备,业务过程定义也就越难以完善。因此,工作流设计者的知识难以完备、业务过程定义的完善性难以保证等问题,一直是制约工作流技术在跨机构大规模协同业务中推广应用的瓶颈。

在社会合作系统中,并非所有的工作流程都要在事前完整定义的前提下才能进行。例如,在行政许可联合审批工作流程中,申请者可能只知道与其申请相关的某个部门,不知或知之甚少需要联合审批的其他部门,以及其中的审批过程,申请者能做的就是直接去其知道的部门申请审批,表达自己的申请目标并听取该部门关于就地可以审批什么事项、下一步应该去何部门、审批什么事项的建议。其他审批部门还可以为申请人提供建议,所有审批部门的合理建议为申请者动态地定义了一个行政许可审批业务流程。

又如,在购物工作流程中,购物者可能只知道与其采购目标相关的某个商店或企业,对该商店或企业能否满足他的全部采购需求知之甚少,也不知道还有哪些商店或企业可以为其提供采购服务,购物者能做的就是直接去其熟悉的商店或企业进行采购,表达自己的采购目标并听取该商店或企业关于就地可以采购什么物品、下一步应该去何商店或企业、采购什么物品的建议。其他的商店或企业还可以为申请人提供建议,所有商店或企业的合理建议为购物者动态地定义了一个购物业务流程。

上述的业务流程具有移动计算特征,可以采用移动agent 计算模式进行管理。例如,许可申请人可以创建一个迁移实例,令其携带自己的审批文件和基础资料游走于各审批部门设置在网络上的许可审批受理结点之间,进行逐项事务审批。又如,购物人可以创建一个迁移实例,令其携带自己的购物清单和商务资料游走于各商店或企业设置在网络上的商务门户之间,进行比价采购。移动agent 计算为工作流管理提供了对非中心化、松散耦合特性的支持,迁移工作流是其中的一个重要研究方向。现有的"让迁移实例清楚地知道做什么和需要什么"的设计思想,不仅要求事前建立工作流联盟,以便于为迁移实例规划工作位置或支持迁移实例服务发现;而且要求为移动迁移实例编写完整定义的业务过程说明,因此,同样会使工作流管理系统陷入机构越多,协同范围越大,设计难度就越高,也就越可能发生工作流例外的困境。

上面的分析表明:基于导航主体的工作位置推介和移动主体的迁移决策建立一种迁移工作流方法,允许工作流在业务过程动态定义中执行,它将不再需要事前对业务过程进行完整的定义,也不需要事前建立完整的工作流联盟,因而不仅可以大大降低工作流计者的负担,而且会大大提高工作流的柔性,特别适用于那些多机构、大规模、全局业务过程定义困难并且具备移动计算特征的协同业务应用。

定义 3-1　　服务导航是指当前工作位置向迁移实例推荐下一个合适的工作位置。

定义 3-2　　部分可观测的迁移工作流环境 pomwe 是一个三元组(sg,wv,bad),其中,sg 是迁移实例的寻航目标,wv 是导航主体的业务熟人域;bad 是导航主体的工作流视图。

本节提供一种基于本体论(Ontology)的环境描述规范,称为工作流环境描述规范(Workflow Environment Description Criterion,WEDC)。图 3-1 显示了 WEDC 的基本结构。

在部分可观测环境中,业务熟人所在的工作位置能够提供的业务目标与寻航目标的关联度评价取决于导航主体对业务熟人的能力及相关细节的观测。对于导航主体而言,与寻航目标和导航结果相关的数据、信息以及工作流的当前状态属于局部信息。导航主体形成自己的业务熟人关系并触发导航行为,依赖对这些信息的观测与分析,另外也受到工作流全局目标的约束。WEDC 通过机器

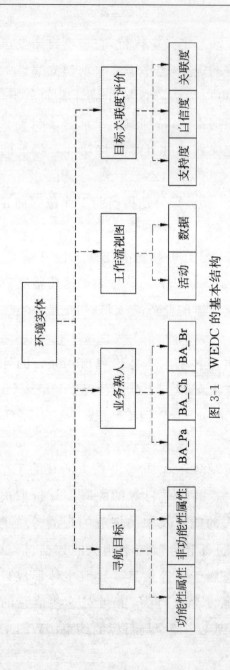

图 3-1 WEDC 的基本结构

可理解的方式,采用面向对象的方法描述观测结果。导航主体对于环境中可观测的每个实体都是环境实体的子类。WEDC 定义了 4 个直接继承于环境实体的子实体:寻航目标(navigation requirement)、业务熟人(business acquaintance)、工作流视图(workflow view)和目标关联度评价(object relation appraisement)。

定义 3-3　寻航目标 sg 是一个三元组(id,{function},{unfunction}),其中,id 表示寻航目标的标识;{function}表示寻航目标的功能属性集合;{unfunction}表示寻航目标的非功能属性集合。

寻航目标表明了迁移实例的需求以及期望获得的服务或资源,目的在于请求当前工作位置中的导航主体的导航建议。

工作流视图是对工作流流程的抽象,用来支持工作流的部分可见性。

定义 3-4　工作流视图 wv 是一个二元组(activity,date),其中,activity 表示活动的集合;date 是由基本过程和活动得到的数据集合。

WEDC 为导航主体定义了 3 个子类的业务熟人:BA_Pa 用于表示业务目标与之为泛化关系的熟人;BA_Ch 指代业务目标与之为特殊化的熟人;BA_Br 指代业务目标与之为平级的熟人。

目标关联评价是指根据寻航的需求,导航主体通过业务熟人的业务目标的支持度、能力自信度以及目标关联度三个方面对导航方案进行评价,作为服务导航的依据。

结合图 2-9 自助旅游服务系统的例子,给出 WEDC 定义的一个简单应用。以下自助旅游服务导航主体所收到的一个寻航请求:4 月 30 日到 5 月 3 日从北京出发,到济南旅游,费用不超过 3000 元。给出该导航主体所观测到环境实体的 WEDC 描述。

```
<navigation requirement>
    <requirement id>n1024</ requirement id>
    <name>self-help travel plan</name>
    <description>
     april 30th to may 3 i plan from beijing to
     jinan tourism.
    </description>
    <keyword list>
        <keyword>departures</keyword>
        <keyword>destination</keyword>
        <keyword>date</keyword>
        <keyword>costs</keyword>
    </keyword list>
    <restrictions>
     costs<=3000 元
    </restrictions>
    ……
</navigation requirement>

<workflow view>
```

```
<workflow description>
    self-help travel services system
</workflow description>
<workflow goal>
    provide self-help travel services
</workflow goal>

<documents>
    <sub document>ticket</sub document>
    <sub document>hotel</sub document>
    <sub document>insurance</sub document>
    ...
</documents>
...
</restrictions>

<business acquaintances>
    <acquaintance>
        <acquaintance id>ba1001</acquaintance id>
            <address>workstation ip</address>
            <business goal>ticket</business goal>
        <business relation>
            father-child
        </business relation>
        <keyword list>
          <keyword>departure time</keyword>
          <keyword>return time</keyword>
          <keyword>fares</keyword>
        </keyword list>
```

```
        </acquaintance>
    <acquaintance>
        <acquaintance id>ba1002</acquaintance id>
          <address>workstation ip</address >
          <business goal>hotel</business goal>
        <business relation>
              father-child
        </business relation>
          <keyword list>
              <keyword>check-in time</keyword>
              <keyword>check-out time</keyword>
              <keyword>accommodation costs</keyword>
          </keyword list>
    </acquaintance>
    ...
    </business acquaintances>

    <object relation appraisement>
        <user lists>
        <user>
            <requirement id>n1024</requirement id>
          <appraise data>
              <data>support</data>
              <data>self-confidence</data>
              <data>relation</data>
          </appraise data>
        </user>
    ...
    </navigation response>
```

3.3　部分可观测环境下的主动服务导航

人工智能领域中一项重要而长期的目标就是构造一个具有在复杂环境中能自动完成指定任务能力的 agent。人工智能规划正是可以达成这个目标的重要方法之一。它所研究的问题就是 agent 如何按照从环境中反馈回来的信息采取相应的行动。在这个规划框架下,agent 与其所处的环境是两个独立但又可以相互交互的部分。环境可以描述为一个状态的集合,在某一时刻,agent 可以通过执行某一动作而改变环境的状态。同时,环境的反馈提供了 agent 关于这种变化的信息。

决策论规划模型的核心就是所谓的马尔可夫决策过程(Markov Decision Process,MDP),当一个规划问题用 MDP 来建模的时候,问题的解就称为策略(policy)——行动到状态的映射,即根据环境状态的反馈信息指出下一步的行动。在 MDP 中,反馈信息实际上就是环境的状态。agent 所得到的是关于环境的精确信息,换言之,MDP 是完全可观测(completely observable)的。

而部分可观测的马尔可夫决策过程(Partially Observable Markov Decision Processes,POMDP)则是 MDP 的推广。与 MDP 一样,它假定行动的结果是非确定性的,但与 MDP 不同的是,它认为 agent 从环境得回的反馈信息是不精确的，即只是部分可观测（partially observable）的。在部分观察的情况下，不再可以直接根据世界的状态选择行动，因此最多也就是根据观察知识来进行行为决策。部分 POMDP 为解决带有这种不确定性的规划问题提供了数学框架。众所周知，即使是对于简单的有限水平的 POMDP 问题，找到一个最优解也是 P-SPACE（Polynomial Space）难题，POMDP 问题甚至比 NP 完全问题还要难以解决。POMDP 自从被提出以来，在人工智能和控制研究领域受到广泛关注，并且许多精确算法随之被提出。

在面向目标的迁移工作流系统中，工作位置中管理、执行服务导航的主体称为导航主体，它负责处理迁移实例的寻航请求，然后实时地向迁移实例推荐下一个工作位置，它所做的推介即称为导航策略。很自然地，导航系统可以被描述为一个状态机，导航的状态由一些状态变量构成，表示导航主体观察到的迁移实例的需求、推荐的结果以及导航的历史等，状态转移则由导航主体的导航策略来驱动。

面向目标的迁移工作流服务导航系统必须能在没有全局业务流程知识、全面了解其他工作位置能够提供的服务，以及不能准确理解迁移实例需求模型的情况下进行导航。在用 MDP 模型来描述导航系统时，导航主体要知道准确的系统状态，所以系统状态必须以导航主体的观察及历史为基础,这就大大增加了建模的难度,而不确定性更会导致系统状态很难准确定义。如何在导航主体得不到准确的状态信息时寻找最优导航策略? 部分可观测马尔可夫决策过程为此提供了一个理论框架,导航策略可被看作从某个观察到许多导航动作的概率分布的映射,同时还需要记住前面的动作和观察来帮助区分不同的状态。

3.3.1　部分可观测环境下的服务导航模型

在面向目标的迁移工作流系统中,导航主体负责预测迁移实例下一步的迁移决策,实时地向迁移实例推介业务熟人网的一个或多个服务主体。导航主体必须利用随机环境中部分观察到的信息、历史动作序列和立即报酬值来采用一种策略进行决策,为迁移实例进行导航。

定义 3-5　部分可观测环境的导航模型定义为六元组 $m=(s,a,z,r,t,o)$,其中:

s:表示工作流的状态集合,$s=\{s_1,s_2,\cdots,s_n\}$;

a:导航主体的导航行动的集合,$a=\{a_1,a_2,\cdots,a_n\}$;

z:导航主体的观测集合,即迁移实例得到导航信息后反馈的有限集合以及熟人网络的变化;

$t:s*a\rightarrow s$:状态转移函数,当导航主体在某一状态 s 执行导航后,根据观察得到迁移实例和业务熟人网络的反馈,实现下一个状态 s' 概率分布,一般用 $t(s,a,z,s')$ 来表示；

$r: s * a \rightarrow r$：导航主体所获得的报酬函数，是当前状态下采用导航动作时所获得的报酬值，表示为 $r(s,a)$；

$o: s * a \rightarrow \mathrm{PR}(o)$：表示导航主体采取导航行动 a 转移到状态 s' 时，观测函数 o 确定其在可能观测上的概率分布，一般用 $O(s',a,o)$ 表示。

在面向目标的迁移工作流系统中，导航主体不能得到完全的工作流状态信息，所以使用信念状态表示导航主体所知道的工作流状态信息。

定义 3-6　信念状态表示的是导航主体对当前状态的一种信念，是所有状态上的一个概率分布，使用 $b: S \rightarrow [0,1]$ 来表示：$b(s)$ 表示处于状态 s 的概率，满足 $\sum_{s \in S} b(s) = 1$。

在每个时间点，导航主体都要更新自己的信念状态。根据 Bayes 原理，新信念状态为

$$b(s') = O(s',a,o) \sum_{s \in S} T(s,a,z,s') b(s) / \mathrm{Pr}(o \mid a,b)$$

$$(3-1)$$

其中，$\mathrm{Pr}(o|a,b)$ 为归一因子。

评价函数为

$$\rho(b,a) = \sum_{s \in S} b(s) R(s,a) \qquad (3-2)$$

有了信念状态，导航主体的下一个信念状态和期望评价只与当前的信念状态和导航行为有关，与历史导航动作

和观察无关,满足马尔可夫属性。图 3-2 给出了导航主体的部分可观测环境的导航模型,求解模型的方法转换为基于信念状态的马尔可夫决策过程。

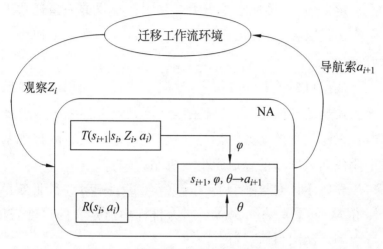

图 3-2 部分可观测环境的导航模型

用值迭代求解信念 MDP,可以采用近似算法 Fib,在当前时间点,部分可观测环境下的导航主体只能观测而不知道确切的状态信息,但是从下个时间点开始,导航主体将知道确切的状态信息,这样可以按照每个观察和每个状态信息来挑选最佳向量 $\boldsymbol{\alpha}$,如式(3-3)所示,而不是根据每个观测和所有组合来挑选,其中 γ 为折扣因子,目的是让期望值收敛。

$$\alpha_{i+1}^{a}(s) = R(s,a) + \gamma \sum_{o \in \mathbf{Z}} \max \sum_{s' \in S} T(s,a,z,s')$$

$$O(s',a,o)\alpha_i^{a'}(s') \tag{3-3}$$

3.3.2 基于业务熟人网络的导航索生成

定义 3-7 导航索是指为迁移实例提供的一条迁移工作流执行路径,由满足迁移实例寻航目标的多个工作位置组成。

根据目标关联评价结果,导航主体可建立相应的导航索。在规划导航索时,导航主体计算其业务熟人关系范围内各工作位置的业务目标与寻航目标的关联度,故称为基于业务熟人网络的导航索生成机制。

导航主体对寻航目标 $sg=(p_1,p_2,\cdots,p_n)$ 和业务目标 $bg=(p_1,p_2,\cdots,p_m)$(p_i 为目标中所定义的属性)进行观测,计算目标支持度 s。

定义 3-8 目标支持度 s:

$$s = \mathrm{same}(sg,bg)/\mathrm{diff}(sg,bg) - 1 \tag{3-4}$$

其中,$\mathrm{same}(sg,bg)$ 表示两类目标中相同的属性个数;$\mathrm{diff}(sg,bg)$ 表示属性中相异的属性个数。

设定一个阈值 s,对于目标关联支持度大于 s 的均可视为导航主体的业务熟人的业务目标对寻航目标具有一定的支持性,由此得到一个与寻航目标相关的推荐集合,结合导航主体对推介的业务熟人的能力自信度,进行目标关联度的计算公式如下:

$$r^2 = \sum_{i=1}^{n} \sum_{j=1}^{m} \frac{(s_{ij} - \mathrm{sc}_{ij})^2}{\mathrm{sc}_{ij}} \tag{3-5}$$

其中, n 表示寻航目标属性个数; m 表示业务目标属性个数; s_{ij} 是导航主体实际观测到的业务目标对寻航目标的支持度; sc_{ij} 是导航主体关于其业务熟人能力自信度的计算,在本书参考文献[47]中有详细的论述。该公式能够根据目标支持相关信息,从当前的业务熟人网络得到较为准确的与寻航目标有关联关系的特定业务熟人。

下面给出目标驱动的服务导航算法 odsn,该算法实现了导航主体的业务熟人网络内的导航。

算法 3-1　目标驱动的服务导航(odsn)。

初始化阶段:

```
do cbad(bg)                     //算法 2-2
生成业务熟人网络;
in 业务熟人网络
   按熟人能力自信度降序排序;
设支持度阈值 s 和关联度阈值 r;
```

运行阶段:

```
导航索初始为 null;
{设置导航的期望状态为 unsat;
 do
    {业务熟人网络内选取自信度最高的业务熟人;
    若多个业务熟人自信度相同则随机选取一个;
    计算 s(sg,bg)          //式(3-4)
    if (s(sg,bg)< s)       //检测支持度是否小于阈值
       业务熟人移入 fail_list;
```

```
                        //失败列表中的业务熟人在当前服务导航中
                        将不再被推介
        else
            {设置导航的期望状态为 sat;
             计算目标关联度 r(sg,bg) ;              //式(3-5)
            }
        if(r(sg,bg) < r)        //检测关联度是否小于阈值
                {更新能力自信度;
                 将满足条件的业务熟人插入的导航索中;
                    }
    }while(导航的期望状态 = = unsat or 熟人网络 ! = 失
    败列表);
    if(导航的期望状态= = sat)
        return(导航索);
        else
        return(null);

    }
```

算法分为两个阶段: 初始化阶段和运行阶段。初始化阶段待选业务熟人按能力自信度降序排序。初始阶段仅在系统部署的时候运行一次。运行阶段在每次接收到寻航请求时调用,以选择关联度最高的业务熟人参与导航索。该算法在最坏情况下的时间复杂度为 $O(n \times m)$(n 为候选业务熟人的数量;m 为寻航目标中的属性个数),最坏情况是指没有满足需求业务熟人参与导航索。

3.4　验证与分析

为了验证本章所提出的目标驱动的服务导航算法能够有效保证面向目标迁移工作流主动服务的可靠性,实验以第 2 章建立的自助旅游服务系统为应用背景。本节设计了两个实验,对比参考文献[100]中的服务导航算法和目标驱动的服务导航算法 odsn 在部分可观测环境下迁移工作流执行的效果,主要以工作流服务导航成功率为性能指标进行验证。

在自助旅游服务系统中,旅游者寻航目标产生的同时从迁移工作流中"变化"相同数量的工作流视图子目标,变化的数量占总工作流视图数量的 10%。工作流视图因主观因素或者客观原因不可完全观测,从图 3-3 可以看出在工作流子目标产生与消失比较频繁的情况下,本章提出的目标驱动的导航算法 odsn 具有较大优势,执行成功率比一般导航算法服务导航成功率高很多。

由图 3-4 所示,目标驱动的导航算法 odsn 刚开始运行时,由于业务熟人网络还未建立完善,基于业务熟人网络的服务导航的成功率并无优势,但是随着时间的推进,业务熟人网络逐步完善,服务导航的成功率也随之上升,而未考虑业务熟人关系的导航无此特性。

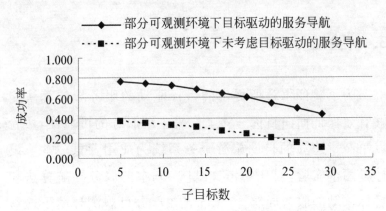

图 3-3　部分可观测环境下服务导航的成功率比较

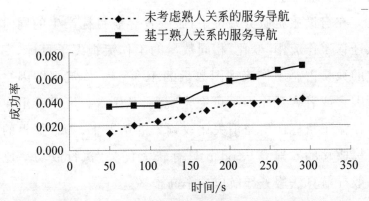

图 3-4　随时间变化的服务导航成功率比较

第4章　面向目标的迁移工作流资源服务推荐方法

4.1　概述

面向目标的迁移工作流方法不需要定义完整、显式的业务过程,也不要求工作流参与者和各工作位置开放自己的业务过程和服务资源。虽然这在一定意义上保护了工作流参与者自身利益和隐私,但是为迁移实例决策工作位置带来了困难,因此,在面向目标的迁移工作流主动服务过程中,建立资源服务的推荐方法是有必要的。由于它容许工作流参与者按照本地服务策略和服务规则为迁移实例提供工作流服务,也容许工作流参与者向迁移实例推介其他工作位置,所以,在很大程度上保护了工作流参与者的自治权,使其能够更加主动地参与跨机构大规模的业务协同。

为了向迁移实例主动提供符合其需求及个性化的资源服务,本章提出一种面向目标的迁移工作流资源服务推荐协议 GAS。协议基于熟人缓存和智能群的服务推荐方法向迁移实例提供资源服务。熟人工作位置之间不需要广播大量数据而是通过基于群的推荐信息,提高了迁移工作流系统资源服务的效率和可靠性。

本章首先介绍了个性化服务推荐研究工作,然后定义了面向目标的迁移工作流的资源服务推荐模型,提出一种迁移工作流主动服务协议 GAS,实验结果表明根据首次响应时间、服务成功比例、成功数据包与总数据包比率(spn2tpn)三个性能指标,这个协议比传统协议(Basic,ODMRP)提供了更好的性能。

4.2 服务推荐研究

服务推荐系统(recommender system)的起源可以一直追溯到认知科学、概率理论、预测理论、信息检索等领域,到 20 世纪 90 年代中期逐步发展为一个独立的研究领域。根据实现的技术,服务推荐系统可以分为基于规则的、基于内容的、基于协同的和混合方式的推荐。

1. 基于规则的服务推荐系统

基于规则的推荐是指根据事先生成的规则向用户推荐信息的方式。一个规则在本质上是一条 if-then 语句,规定了在不同的情况下如何提供不同的服务或资源。规则可由用户制定,也可由基于关联规则挖掘的技术来发现。基于规则的推荐方式较多地应用于电子商务网站。交叉销售是基于规则技术的典型示例,其主要目的是根据用户浏览和购买的日志生成规则,向用户推荐感兴趣的商品。例如,规则可以指定为向一个刚刚购买了产品 y 的客户提供产品 x;购买了一本书的客户可能对该书作者当前或以前的其他书籍感兴趣,或对相同主题的书籍感兴趣。

迁移工作流系统中采用基于规则的服务推荐方式表示简单,易于用户理解。但是规则的质量保证是一件困难的事情。随着规则数量的增多,系统变得越来越难以管理。

2. 基于内容的服务推荐系统

基于内容的推荐是指通过比较资源与用户模型的相似程度向用户推荐信息的方式,关键技术是用户兴趣的描述和相似(兴趣)度的计算。如果用户的描述不能反映用户的兴趣和爱好,那么依据该方法推荐的资源和用户的真正兴趣可能根本无关。基于内容推荐采用的技术主要来源于信息检索或信息过滤领域。

迁移工作流系统中采用基于内容的推荐服务有以下缺点。

(1) 只能对文本内容进行浅层的分析,无法区分资源在层次化结构中体现出来的特征差异,利用这种内容分析方法不能得到有价值的特征描述。

（2）"过度规范"，用户只能得到和当前用户兴趣最相似的信息，也就是说用户获取的资源被限定在用户以前所评价的资源范畴内，不能为用户发现新的兴趣信息，只能推荐与用户已有兴趣相似的资源。

（3）仅考虑了当前用户一个人的行为，没有参考其他用户的意见。用户模型的建立需要大量的用户访问信息，用户需要花费大量时间判断哪些信息是需要和不需要的。实际上，如果有两个用户兴趣偏好完全相同，那么其中一个用户认为好的信息资源完全可以向另外一个用户推荐。

相对于传统信息检索和信息过滤技术得到的信息，通过这种方式获取的信息将比较准确。

3. 基于协同的服务推荐系统

协同推荐技术在 1992 年由 D.Goldberg 等人在文献中首次提出，短短十几年时间内发展迅速，在很多领域得到了广泛的应用。与基于内容的推荐不同，协同推荐并不比较资源与用户模型的相似性，而是通过用户对资源的评价发现用户之间的相似性并利用用户的相似性来推荐信息。具有相近兴趣的用户被视为一个用户类，当用户对某资源感兴趣时，该资源就可以推荐给同类的其他用户。推荐的资源对目标用户来讲是最新的，但它们必须是目标用户的最近邻们已经评价过的。协同推荐系统基于这样一个前提：不同用户对一些资源项的评价是相似的，那么他们对另外一些资源项的评价也是相似的。协同推荐实质上是现实生活中经常采用的推荐方式,如两个兴趣相近的朋友相互推荐爱听的音乐、爱看的书等。

协同推荐解决了内容推荐的缺点。在迁移工作流系统中,采用协同方式服务推荐可以对资源不进行分析,资源只是一个标示,如索引号或 ID。协同推荐不依赖资源的内容,不仅适于文本领域,还可以广泛应用于其他领域。另外基于其他用户的协同推荐,也可以发现当前用户新的兴趣。但是,基于协同的推荐也有自身的缺点:一是新资源的问题,当一个新的资源加入到迁移工作流系统中时,因为该资源没有用户的评价信息,所以无法被推荐给用户;另一个是新用户问题,如果一个用户没有评价任何项或兴趣比较特殊,跟其他用户的评价项交集很少,该用户就无法找到最近邻进行推荐。

4. 基于混合的服务推荐系统

混合推荐是指既通过比较资源与各个用户模型的相似度进行基于内容的推荐,又通过相近兴趣的用户群进行协同推荐的一种推荐方式。由于混合推荐可以发挥两种推荐方法的优点,抵消两种推荐方法的缺点,因而具有更好的推荐性能。基于混合推荐的系统目前不是很多,斯坦福大学的 Fab 是较为典型的混合推荐系统。

4.3　面向目标的迁移工作流资源服务推荐

　　面向目标的迁移工作流资源服务推荐方法的主要思想是服务主体基于熟人缓存和智能群向提出资源服务推荐。服务主体之间通过分享熟人知识可以使协议采用分布式的方法而区别于基于集中/半集中式的服务发现。

4.3.1　迁移工作流资源服务推荐模型

　　定义 4-1　迁移工作流资源服务推荐是指工作位置向迁移实例推荐那些能够满足工作流目标的数据、程序、工具和用户,以帮助迁移实例高效地完成那些需要在本地执行的任务。

　　定义 4-2　面向目标的迁移工作流资源服务推荐模型 gomwsr 是一个三元组(sa, g_r, c)。其中:

　　sa 表示服务主体,是一个四元组(s_{id}, s_g, $k_{private}$, k_{share})。s_{id} 表示服务主体的标识;s_g 表示服务主体的目标;$k_{private}$ 描述了服务主体关于建立群相关知识,用于说明成为群成员的必需具备的资源状态;k_{share} 描述关于工作位置所能实现效果的知识,这个效果是通过 mi 到达该工作位置成功获取服务的状态来表示的;

　　g_r 表示群,是一个五元组(g_{r_id}, g_{r_goal}, s, l_{group}, k_{share})。g_{r_id} 表示群的标识;g_{r_goal} 表示群的目标;s 表示群

的 sa 集合；l_{group} 表示群的生命周期；k_{share} 表示群执行效果，群内成员所共享知识的集合；

c 表示联盟，是一个三元组（$\{g_r\}$，$\{c_g\}$，k_{public}）。$\{g_r\}$ 表示联盟中群的集合；$\{c_g\}$ 表示联盟中的目标集合；k_{public} 表示联盟中成员所知的公共知识，即群之间的共享知识集合。

群是服务主体的集合，每个群成员为实现一个单独的明确定义的目标达成一致，通力合作。群与联盟不同，通常看作是合作成员之间的短期联合。群成员之间将对实现的群目标达成一致意见，他们将群目标分解成一系列的任务，由每个成员完成。群成员之间建立熟人关系，彼此友好，与此同时，一个群的成员有可能还属于其他群。在资源服务推荐过程中，服务主体接受一个超越自身能力的目标时，它将依靠其知识和推理建立一个群，通过复杂的计算和交流过程评估群内熟人的能力，然后向迁移实例推荐合格的熟人。

4.3.2　GAS 协议

GAS 协议的基本思想是：服务群是由某个服务主体发起，并在自己通信范围内向其他服务主体发送建立服务群的信息。在相同通信范围内的服务主体被看作是在同一个联盟内。在这个阶段，服务主体通过分析迁移工作流联盟的成员信息,尝试建立自己的业务熟人群。服务主体将私有知识(群形成的限制)与可能成为群成员的公共知识(组织目标、能力)相比较,一旦服务主体发现潜在的合作成员,将会向其发出参加群邀请。通过谈判,被邀请的成员根据服务主体合作参数选择已经存在的群,如果失败,被邀请者将自己建立新群。

服务主体将服务群形成的数据包(sgf)发送给可能的熟人,其结构如图 4-1 所示。

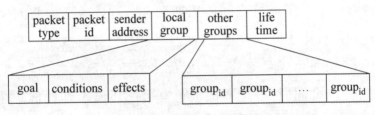

图 4-1　服务群形成的数据包结构

每个服务群形成的数据包包含字段<packet type>,表示数据包的类型, <packet id>和 <sender address>用来消除歧义以区别与其他的服务群形成信息。<local group>包含了该服务主体建立的本地群的信息。<other groups>列举了该服务主体所从属的非本地服务群。<lifetime>字段决定了服务群的生命周期。

当该服务主体(sa_{sender})向其他服务主体发送服务群形成的信息时,字段<local group>按照算法 4-1 建立。

算法 4-1　blg。

```
if(发送 sgf 信息){
while(对于每一个属于资源服务联盟的 sa₁…saₘ)
  {
      if(saᵢ不属于 local group && sa_sender－k_private，与
      saᵢ－k_share匹配)
         sa_sender与 saᵢ 建立联系;
         添加 saᵢ to local group;
  }
}
```

迁移工作流中每一个服务主体有一个有限缓存
(acquaintance cache)，用于存储它所在群的熟人信息。当
服务主体收到关于群形成的数据包时，将按照以下算法存
储其熟人信息。

算法 4-2　ssgf。

```
if(收到的 sgf 信息重复)
  丢弃数据包;
else
  {
      扩展 local group 信息;
      扩展 other groups 信息;
      存储到熟人缓存中;
      设置生命周期;
  }
```

熟人缓存的每一个条目包含图 4-2 所示字段。

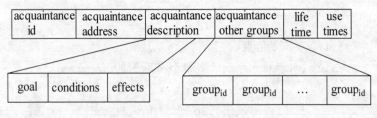

图 4-2　熟人缓存结构

服务主体的熟人缓存包含＜acquaintance id＞和＜acquaintance address＞字段用来消除歧义以区别于其他的熟人信息。＜acquaintance description＞字段描述了熟人的目标、条件和效用。＜acquaintance other groups＞字段表示熟人所属的其他服务群。＜use times＞表示缓存中熟人的使用频率。如果熟人缓存已满,将采用 use times 策略,将使用次数最少的熟人将从缓存中去除,一旦缓存的有效期＜lifetime＞结束,缓存也将结束使命。

在服务组织工作位置中,如果服务主体的个人能力不能为迁移实例提供所需服务,服务主体将会根据迁移实例的愿望主动提供其所知的其他工作流资源,这个过程称为服务推荐。

通过熟人缓存,迁移实例服务需求和本地群中能够提供的服务目标进行匹配。通过比较,协议自动检索群内可以提供的服务,即从熟人范围内推荐从而提高了协议的效率。如果匹配成功,将建立服务推荐。服务推荐数据包包含图 4-3 所示字段。

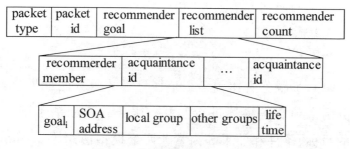

图 4-3　服务推荐数据包结构

其中，<packet type>表示数据包的类型。<packet id>用来消除歧义以区别于其他数据包。<recommender goal>表示推荐熟人的目标。<recommender list>表示推荐熟人列表。<recommender count>表示推荐过程的熟人数量。如果群中的熟人的目标满足迁移实例的需求，这个熟人的服务将会有机会被推荐，从而代替了迁移实例广播需求，只需要协议在群中有选择地推荐，执行算法如下：

算法 4-3　sra。

```
while(熟人缓存的每个条目)
{
   if(acquaintance description 与 service request
   匹配)
   {添加熟人到推荐列表;
   recommender counter++;
   向迁移实例推荐资源服务;
   if(资源服务没有被推荐)
```

```
        向其他群查询服务需求;
    }
}
```

每一个服务主体包含一个轻量级的服务匹配模型,将服务需求和服务描述进行匹配。服务的匹配基于服务主体的目标、条件和效果等因素。匹配模型使用了 wsmo 的语义,有助于服务匹配的多样性,同样应用在服务形成和服务推荐中。当服务推荐的内容符合迁移实例的需求,无论服务是否属于本地群,迁移实例将返回一个迁移响应。

4.4 验证与分析

资源服务推荐方法通过仿真软件 GloMoSim 在不同的动态情况下进行模拟,实验结果将验证资源服务推荐方法在迁移工作流中的可靠性和效用。仿真实验的拓扑结构涉及 25~100 个工作位置。

为了评价资源服务推荐方法的改进性,引进了两个协议做比较,一个是传统的服务发现(Basic)协议,一个是 ODMRP。

实验过程中将考虑三种性能指标。

(1)首次响应时间:指从迁移实例的需求数据包产生到服务主体首次回应数据包到达的时间。这个指标反映了服务协议的灵敏度。

（2）服务成功比例：协议运行过程中，所有服务主体获得迁移实例至少一次的应答数据包的比例。这个指标反映了服务协议的有效性。

（3）成功数据包与总数据包的比例（spn2tpn）：这个指标是成功数据包与所有数据包（需求数据包、服务推荐/广告数据包、响应数据包）的比例，反映了服务协议的效率。

三个实验中分别使用两种服务发现协议（Basic、ODMRP）和资源服务推荐方法，设置服务需求数据包的数量分别是 20、40、60、80 和 100。每个实验持续 100 次，通过以下 3 张图说明实验结果。

图 4-4 显示了不同数量服务需求数据包作用于首次响应时间性能指标的效果，表明资源服务推荐方法提高了系统性能。GAS 的首次响应时间明显低于 ODMRP 和 Basic。当服务需求数据包数量是 20 时，GAS 的首次响应时间仅有 5.1s，而 Basic 达到 8s。整个过程中，ODMRP 和 Basic 的首次响应时间一直比较长，然而资源服务推荐方法随着需求数据包的增长而有所降低，这是因为随着需求数据包的增多，满足其的服务主体集中在相对较少的服务群，从而降低了首次响应时间。

图 4-5 显示了不同数量服务需求数据包作用于成功比例性能指标的效果，表明资源服务推荐方法提高了系统

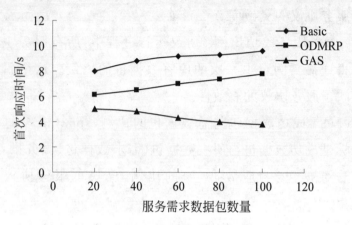

图 4-4　不同服务需求数量的首次响应时间

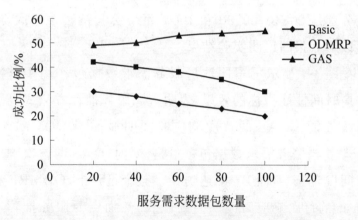

图 4-5　不同服务需求数量的服务成功比例

处理移动事务性能。当服务需求数据包数量是 20 时，GAS 的成功比例是 49.1%，而 Basic 仅有 30%。整个过程中，随着需求数据包的增长导致了数据包传送的失败，而应答数据包的减少通常会降低成功比例。所以,ODMRP和 Basic 的成功比例逐渐降低,而资源服务推荐方法中,基于群的服务推荐操作弥补了需求信息数量增加的负面效果,所以资源服务推荐方法的成功比例并没有减少。

图 4-6 显示了不同数量服务需求数据包作用于 spn2tpn 性能指标的效果,这个指标是成功数据包与所有数据包(需求数据包、服务推荐/广告数据包、响应数据包)的比例,所以图中比较智能地显示了实验结果,资源服务推荐方法明显高于其他两个协议。当服务需求数据包数量是 20 时,GAS 的 spn2tpn 性能指标是 0.08,而 Basic 仅有 0.02。基于这个结果,可以得出一个结论:资源服务推荐方法的性能明显高于 Basic 和 ODMRP,尤其是需求数据包显著增多的时候。

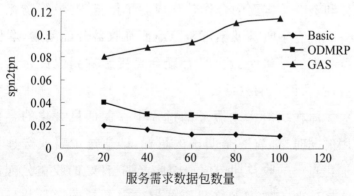

图 4-6　不同服务需求数量的 spn2tpn

第5章　迁移工作流多服务主体
收益分配方法

5.1　概述

由于单个服务主体的能力和资源是有限的,迁移工作流的服务主体基于业务熟人网络内的主动服务可以看作多智能主体合作求解的一种形式,即业务熟人网络中的服务主体合作是采用的动态联盟的组织策略,旨在将信息、服务和资源等方面的合作转化成竞争优势,并最终物化为收益。但有了收益就不可避免地面临收益分配问题,联盟收益分配的结果是否公平合理会直接影响到盟员合作的积极性,从而影响收益的进一步生成。迁移工作流中每个服务主体在执行主动服务的过程中在保证最大化的合作效用的同时,都有一个明确的目标,即通过策略或选择行动优化自己的收益期望值。因此,建立良好的收益分配方法关系到业务熟人网络是否能够稳定有效的运行并最终实现迁移工作流目标,是迁移工作流实现主动服务必须解决的关键问题之一。

本章主要研究迁移工作流业务熟人网络内多服务主体的收益分配策略,提出了一种简单而有效的实时收益补偿的协调方法,先将参与迁移工作流主动服务的多服务主体分配收益的问题形式化为一个多人的动态合作博弈,再通过随着时间而转变的动态合作博弈获取收益协调补偿信息。

本章首先介绍了基于动态合作博弈的收益分配研究,然后定义了多服务主体收益分配模型,提出多服务主体收益分配的动态优化策略及算法,实验结果表明采用动态合作博弈的方法确定收益的协调补偿,避免多服务主体退出熟人网络的行为直至主动服务圆满结束,达到多赢的帕累托最优局面。

5.2　基于动态合作博弈的收益分配研究

业务熟人网络收益合理分配是维持和巩固业务熟人网络参与者合作关系的根本保证。业务熟人网络管理的重点就是建立并维护业务熟人网络合作伙伴关系,使合作成员协调一致,各尽所能地发挥自己的优势,在为用户提供满意的资源或服务的同时,尽可能地降低动态熟人网络运营成本,实现业务熟人网络整体收益最大化的目标。而业务熟人网络中的参与者是一个独立的实体,它有自己完整的组织机构,是一个理性的组织,每个成员都有自己的利益目标,都想获得尽可能多的利益,当然它更不愿意自己的利益受到损害,这就涉及业务熟人网络收益如何在熟人间进行公平、合理分配的问题。如果收益分配公平、合理,就会使现有的业务熟人网络合作关系得到巩固和加强;反之,如果收益分配不够公平、合理,就会损害业务熟人网络组织机构间的合作关系,影响业务熟人网络的整体效率和绩效,甚至会导致整个业务熟人网络瓦解。因此,业务熟人网络组织机构合作收益的公平、合理的分配是维持和巩固业务熟人网络合作伙伴关系的根本保证。

参与业务熟人网络有两个条件:一是业务熟人网络获得的整体收益要远大于未参与业务熟人网络之前所有服务主体独自获得的收益之和;二是参与业务熟人网络之后,每个熟人所获得的收益要大于他没有参与业务熟人网络时所获得的收益。

正是上述两个条件得到满足后,服务主体才愿意加入到业务熟人网络中,并且愿意维持这种合作伙伴关系。如果业务熟人网络中某个熟人获得的收益少于参加业务熟人网络之前所获得的收益,或他认为业务熟人网络的收益分配不公平,那么,这个熟人就会不再愿意与其他熟人进行合作,或者退出业务熟人网络,或者破坏业务熟人网络,这就会降低业务熟人网络合作的效率,损害整个业务熟人网络的收益。相反,如果他觉得业务熟人网络上的收益分配公平合理,即使短期内他获得的收益不高于未加入业务熟人网络之前所获得的收益,他也会愿意与其他熟人进行合作,与其他熟人采取一致的行动。

博弈论研究的内容主要是决策主体的行为发生直接相互作用时的决策及均衡问题,它的应用范围已延伸至政治、经济和军事等各个学科,获得了极大的成功。20世纪80年代以来,博弈论逐渐成为管理科学研究的一个重要工具,在"机制设计""委托-代理""契约理论"等方面得到了广泛的应用。

合作博弈的基本形式是联盟型博弈,它隐含的假设是存在一个在参与者之间可以自由转移的交换媒介,每个参与者的效用在其中是线性的。

Shapley用公理化的方法,基于合作伙伴的贡献给出了联盟分配解Shapley值的概念,构建了联盟分配的核心,核心是不被其他任何分配优超的分配全体组成的集合。

Von Neumann和Morgenster引入了稳定集的概念,稳定集内部不存在优超关系,对任意一个其他分配总能在稳定集中找到一个优超于它的。

Aumann和Maschler通过引入异议(objeetion)和反异议(counter-objection)给出了A-M谈判集(bargaining set)作为合作博弈的分配解,即没有一个合理理由反对的解。

Zhou基于联盟结构提出了L-z谈判集,解决了A-M谈判集过于庞大的问题。

Davis 和 Maschler 基于超出额(一个成员没有其他合作情况下所能得到的最大额外收入)定义了核仁(kernel),并证明了核仁是谈判集的子集。

Schmeidler 通过考虑超出额在欧氏空间里的字典编纂式排序(lexicographic order),使最不满意的联盟怨言最小而引入了核子(nucleofus)作为合作博弈的分配解,直观来讲,Shapley 值相当于数集的平均值而核子类似于中位数。关键的是,核子是非空的,核子是核仁的子集,核子仅包含一个点。如果核仁和核心(core)都是非空的,那么它们的交集也是非空的。

Maschler 和 Tijs 分别给出了 σ 值和 τ 值的概念,实际上是稳定集上界和下界的一种妥协值。

Aumann 对效用可转移的情况进行了推广,给出了效用不可转移联盟博弈中核心的概念和刻画,公理化了 N 罚博弈,延拓了 Shapley 值并证明了延拓值的唯一性。

Aumann 和 Shapley 把公理化值的概念推广了到非原子博弈中。

从以上文献的研究现状可以看出,收益分配是联盟研究中一个比较重要的问题,不少学者进行了许多卓有成效的工作。同时,动态联盟强调盟员之间的合作,而每个盟员都是有其自身利益的独立主体,合作博弈值理论在动态联盟收益分配的研究中可以解决许多问题。但是目前利用合作博弈论来解决业务熟人网络收益分配还有待进一步深入,本章将合作博弈论与业务熟人网络合作问题紧密结合,对业务熟人网络收益问题进行分析和研究,为合理度量与评价熟人在业务熟人网络中的贡献、制定公平的收益分配方案提供基础。

5.3　多服务主体收益分配模型

本节将建立多服务主体收益分配模型,该模型适应于迁移工作流动态环境中多服务主体在熟人网络内的合作,能够促进多服务主体在合作中协同效应,发挥各方的特长和优势,为迁移实例提供主动服务,创造共赢的结果。

在多服务主体收益分配模型中,服务主体效用相对越大,获得的收益相对越高。在本模型中有 k 个服务主体参与熟人网络并分享熟人网络的收益,这些服务主体需要采用一定的策略获得收益才能完成目标,故实现目标的服务主体执行状态是沿着一定轨迹的迁移。根据经典的最优控制问题相关理论,下面给出一般的(连续时间)多服务主体收益分配的模型。

定义 5-1　多服务主体收益分配的模型 mspa 是一个四元组 (N,S,v,x)。其中,N 表示迁移工作流中有限的服务主体集合;S 表示业务熟人集合;v 表示一个定义在集合 N 的函数,函数 v 对域 N 当中的非空子集——业务熟人集合 S 都有一个赋值,其值为一个实数,用 $<N,v>$

表示支付可转移的联盟型博弈；支付向量 $\boldsymbol{x}=(x_1,x_2,\cdots,$ $x_i,\cdots,x_n)$ 代表总收益的划分，而向量中的 x_i 是参与者 i 所分得的支付。

每位参与业务熟人网络内服务主体是理性的，一个为所有服务主体所接受的支付向量必须符合整体理性和个体理性，给出定义如下。

定义 5-2 整体理性是指所有服务主体的收益分配的和等于业务熟人网络的总收益，即

$$\sum_{i \in N} x_i = v(N)$$

定义 5-3 个体理性是指每个服务主体参加业务熟人网络所得收益都比"各自为政"时高，即

$$x_i \geqslant v(\{i\})$$

定义如下参数：

(1) R^n 为 n 维欧氏空间，任何 $x(t) \in R^n$ 称为状态变量；

(2) R^m 为 m 维欧氏空间，任何 $u(t) \in R^m$ 称为控制变量；

(3) $g:[t_0,T] \times R^n \times R^m \rightarrow R^n$；

(4) $f:[t_0,T] \times R^n \times R^m \rightarrow R$；

(5) $h[x_i(T)]$：给定的函数 h 是关于终端状态 $x(T)$ 的末值函数。

所以服务主体 i 得到的收益值是：

$$\int_{t_0}^{T} g^{i}[x_i(t), u_i(t)]\mathrm{d}t + h[x_i(T)] \quad i \in [1,2,\cdots,k]$$

$$(5\text{-}1)$$

主体 i 的收益都与主体状态有着密切关系,受控于状态方程:

$$\dot{x}_i(t) = f[t, x_i(t), u_i(t)] \qquad (5\text{-}2)$$

系统的初始条件是 $\dot{x}_i(t_0) = x_0, \dot{x}(\cdot)$ 称之为主体可允许的状态轨迹。

假设在业务熟人网络完成特定目标的主动服务过程中收益是可以转移的,对不同服务主体的收益进行比较。在每个时间点 t,服务主体 i 都会收到瞬时收益 $g^{i}[x_i(t), u_i(t)]$,而在主动服务过程结束的时间 T,主体 i 得到终点收益 $h[x_i(T)]$。主体 i 的瞬时收益和终点收益与状态变量成正比关系,即状态变量 $x_i(t)$ 越大,瞬时收益 $g^{i}[x_i(t), u_i(t)]$ 和终点收益 $h[x_i(T)]$ 的值越大。

例如,在迁移工作流系统中的 k 个服务主体的业务熟人网络中,$x_i(t)$ 是服务主体 i 的服务资源存储量,假定服务主体所提供的服务资源按一定的速度消耗 $p_i(t)$,且按一定的速度建设服务资源 $u_i(t)$,则服务主体服务状态满足下述方程:

$$\dot{x}_i(t) = -p_i(t) + u_i(t) \quad i \in [1,2,\cdots,k] \quad (5\text{-}3)$$

作为服务主体 i,无法改变 $p_i(t)$,但可以控制 $u_i(t)$。设服务主体 i 提供的服务每单位为 a 元,建设服务资源为

每单位 b 元,维护服务资源为每单位 c 元,$h[x_i(T)]$ 表示为主体对 T 时刻的终点收益,计算出主体 i 在结束时间的潜在净收益值。则在时间区间 $[t_0,T]$ 中主体 i 的实际收益为:

$$\int_{t_0}^{T} (ap_i(t) - bu_i(t) - cx_i(t)) \mathrm{d}t + h[x_i(T)]$$

$$(5\text{-}4)$$

5.4　多服务主体收益分配的动态优化策略

5.4.1　多服务主体收益分配中的马尔可夫完美均衡

在多服务主体收益分配过程中,每个服务主体在熟人网络内其他服务主体的状态基础上确定自己的最优状态。也就是说,每个服务主体的状态都受到熟人网络中其他服务主体状态的影响。这种控制和决策行为正是博弈论要研究的问题,其结果是一个马尔可夫完美均衡:服务主体将来的状态与过去的状态无关,只依赖现在的状态。同时,每个服务主体以各自预期利润的最大化为目标,这个服务主体的策略是纳什均衡,其策略函数满足马尔可夫性质。

从时间 t 到 $t+\Delta t$,其中,Δt 是很小的时间增量,收益函数从 $v(x,t)$ 变到 $v(x+\Delta x, t+\Delta t)$。根据动态规划的最优性原理,服务主体的目标函数的变化由两部分组成:第一部

分是时间从 t 到 $t+\Delta t$ 的变化引起的增值变化，这个变化量在式(5-1)中表示为 $g^i[x_i(t),u_i(t)]$ 从 t 到 $t+\Delta t$ 的积分值；第二部分是收益函数在时间 $t+\Delta t$ 的值 $v(x+\Delta x,t+\Delta t)$。多服务主体收益优化问题是在一定状态进展变化下，尽可能使这两部分之和取最大值。用方程式表示为：

$$v(x,t)=\max\Big\{\sum_{i\in K}\int_t^{t+\Delta t}g^i[x_i(t),u_i(t)]\mathrm{d}t +$$
$$v[x(t+\Delta t),t+\Delta t]\Big\} +$$
$$\sum_{i\in K}h[x_i(\Delta t)] \tag{5-5}$$

其中，Δt 表示时间 t 的一个微小增量。

由于 g 是连续的，因此式(5-5)中的积分近似于 $g^i[x_i(t),u_i(t)]\Delta t$，从而有

$$v(x,t)=\max\Big\{\sum_{i\in K}g^i[x_i(t),u_i(t)]\Delta t +$$
$$v[x(t+\Delta t),t+\Delta t]\Big\} +$$
$$\sum_{i\in K}h[x_i(\Delta t)] \tag{5-6}$$

假定收益函数 v 关于自变量是连续可微函数，于是将 v 展开成泰勒级数，即

$$v[x(t+\Delta t),t+\Delta t]=v(x,t)+[v_x(x,t)\dot{x}_i(t) + v_i(x,t)\Delta t] \tag{5-7}$$

其中，$v_x(x,t)$ 和 $v_i(x,t)$ 是 $v(x,t)$ 分别关于 x 和 t 的偏导数。

把式(5-2)的 $\dot{x}_i(t)$ 代入式(5-7),再把式(5-7)代入式(5-6)得:

$$v(x,t) = \max\{\sum_{i \in K} g^i[x_i(t),u_i(t)]\Delta t +$$
$$v(x,t) + v_x(x,t)f[t,x_i(t),u_i(t)]\Delta t +$$
$$v_i(x,t)\Delta t\} + \sum_{i \in K} h[x_i(\Delta t)] \tag{5-8}$$

两边减去 $v(x,t)$,再除以 Δt 得:

$$0 = \max\{\sum_{i \in K} g^i[x_i(t),u_i(t)] +$$
$$v_x(x,t)f(t,x_i(t),u_i(t)) + v_i(x,t)\} +$$
$$\sum_{i \in K} h[x_i(\Delta t)]/\Delta t \tag{5-9}$$

令 $\Delta t \to 0$ 得到下面的方程

$$-v_i(x,t) = \max\{\sum_{i \in K} g^i[x_i(t),u_i(t)] +$$
$$v_x(x,t)f[t,x_i(t),u_i(t)]\} \tag{5-10}$$

边际条件是

$$v(x,T) = \sum_{i \in K} h[x_i(T)] \tag{5-11}$$

用动态规划方法求解,式(5-10)和式(5-11)就是动态规划方法中的贝尔曼方程。可以证明,满足上述贝尔曼方程的稳态解是马尔可夫完美均衡。在式(5-10)中,$v_i(x,t)$表示在时间 t 状态 x 时的收益现值,即熟人网络 K 在时间 t 的价值函数。熟人网络 K 在时间点 t 开始的合作计划中的收益函数的值随着时间的进展而转变,而在每一瞬间转变的减数等于瞬时收益加服务主体状态的最优变化为熟人网络 K 的收益函数的值。而熟人网络 K 在合作计划的结束时间的收益函数则等与熟人网络 K 的所有熟人服务主体的终点收益的总和。

在主动服务过程中实现式(5-10)的最优收益问题,所有服务主体采用约定的最优控制

$$\varphi_K[x_K(t),t] = \{\varphi_1[x_K(t),t], \varphi_2[x_K(t),t], \cdots,$$
$$\varphi_i[x_K(t),t], \varphi_k[x_K(t),t]\} \quad t \in [t_0, T]$$
$$(5\text{-}12)$$

而相应的最优合作轨迹的动态进展变化则为:

$$\dot{x}_i(t) = f\{t, x_i(t), \varphi_1[x_K(t),t], \varphi_2[x_K(t),t], \cdots,$$
$$\varphi_i[x_K(t),t], \varphi_k[x_K(t),t]\} \quad \dot{x}_i(t_0) = x_0$$
$$(5\text{-}13)$$

使得收益分配最优化。

5.4.2　基于动态合作博弈的收益补偿

为了适应多服务主体环境的动态性,本节提出了利用动态合作博弈评估服务主体的收益优化分配策略。由于采用了多服务主体收益分配的模型,所以收益是指服务主体效用的当前价值。根据对 5.4.1 节的最优收益问题的分析,收益补偿是需要通过服务主体的实时状态来计算的,动态合作博弈使用整体理性和个体理性的假设。

在 5.4.1 节的博弈中,参与人是参与熟人网络的服务主体,策略则是各个服务主体的状态控制函数可由式(5-12)求解。由于服务主体获得的收益分配函数中的系数是状态控制的函数,因此协调补偿的差异可以产生不同的马尔可夫均衡解,进而影响到主动服务执行的稳定性。在动态合作博弈中,服务主体根据每个时刻的博弈结果不断获得收益补偿,逐渐形成一种均衡局面,使得参与熟人网络的服务主体都可以获得合作下的帕累托最优结果。

Shapley 值方法是一种广泛应用的分配机制,不仅符合整体理性和个体理性,并且 Shapley 值是必定存在和唯一的。此外,Shapley 值易于计算,比其他合作解法,如核心、核仁、稳定集(stable sets)和谈判集更为理想。k 个服务主体的合作计划中,所有的服务主体都在保证最大化熟人网络的整体利益的前提下,按照 Shapley 值分配熟人网络的合作收益,达到多服务主体目标的最优化。

服务主体 i 在时间点 $\tau \in [t_0, T]$ 可以从主动服务过程中获得的收益 C 为:

$$C^{(\tau)i}(x_N^{\tau^*}, \tau) = \sum_{K \subseteq N} \frac{(k-1)! \ (n-k)!}{n!}$$
$$[v^{(\tau)K}(x_K^{\tau^*}, \tau) - v^{(\tau)K}(x_{K \setminus i}^{\tau^*}, \tau)] \quad i \in N$$

$$(5\text{-}14)$$

其中,k, n 表示熟人网络 K 中的服务主体数和迁移

工作流系统 n 中的服务主体数；$K \mid i$ 表示从熟人网络 K 中排除服务主体 i；$\dfrac{(k-1)! \ (n-k)!}{n!}$ 表示加权因子。$v^{(\tau)K}(x_K^{\tau^*}, \tau)$ 表示熟人网络 K 在时间点 τ 的价值函数，$v^{(\tau)K}(x_K^{\tau^*}, \tau) - v^{(\tau)K}(x_{K\backslash i}^{\tau^*}, \tau)$ 是参与者服务主体 i 对熟人网络的边际收益。$C^{(\tau)i}(x_K^{\tau^*}, \tau)$ 可以表示为参与熟人网络 $<K, u>$ 的服务主体 i 在时间为 τ 的终点收益。

为了保证以 Shapley 值分配合作收益在沿着博弈的最优轨迹的每时每刻都有效，需要进一步计算每一个时间点 $\tau \in [t_0, T]$ 的协调补偿 $\xi_i(\tau)$，如式（5-15）所示。

$$\xi_i(\tau) = - \sum_{K \subseteq N} \frac{(k-1)! \ (n-1)!}{n!}$$
$$\left[v^{(\tau)K}(x_K^{\tau^*}, \tau) - v^{(\tau)K}(x_{K\backslash i}^{\tau^*}, \tau) \right] +$$
$$\varphi_K[x_K(\tau), \tau][v^{(\tau)K}(x_K^{\tau^*}, \tau) - v^{(\tau)K}(x_{K\backslash i}^{\tau^*}, \tau)] \quad i \in N$$
$$(5\text{-}15)$$

5.5　基于动态合作博弈策略的收益分配算法

本节描述如何在迁移工作流主动服务过程中实现基于动态合作博弈的收益分配。提出服务主体收益优化问题 $\max\left\{ \sum_{i \in K} \int_{t_0}^{T} g^i[x_i(\tau), u_i(\tau)] d\tau \right\} + \sum_{i \in K} h[x_i(T)]$。

收益分配算法如下：

算法 5-1 熟人网络收益分配算法 apa。

```
begin
for all i∈K do
  {
        记服务主体 i 的最优控制策略为 φ_i[x_k(τ),τ];
          for τ=t_0 to T do
          {
            if  ∑_{i=1}^{k} C^{(τ)i}(x_τ^*,τ)!=C^{(τ)1}(x_τ^*,τ)+C^{(τ)2}(x_τ^*,τ)+···
                +C^{(τ)k}(x_τ^*,τ)
                or C^{(τ)i}(x_N^{τ^*},τ)≤v^{(τ)i}(x_N^{τ^*},τ)    i∈K
                计算服务主体 i 的协调补偿 ξ_i(τ)          式(5-15)
          };
          计算每个服务主体的动态 Shapley 值 C^{(T)i}(τ,
          x_N^{T^*})+∑_{τ=t_0}^{T}ξ_i(τ)
  };
        output(帕累托最优解);
  end;
```

该算法计算参与熟人网络提供主动服务的主体的动态 Shapley 值解，由于熟人网络中有 k 个服务主体，需要计算 k 次 Shapley 值，对于每个服务主体，需要计算 $[t_0, T]$ 时间内的协调补偿，由此，算法 5-1 的时间复杂度可记作 $O(n^2)$。所有服务主体得到的补偿的总和都必须等于所有服务主体在熟人网络 k 中采用最优合作控制时的瞬时收益的总和。引入协调补偿的实质是为了实现动态平稳的合作方案。在时间不间断的动态环境下的主动服务过程实际上是多服务主体的动态合作博弈的过程,在每时每刻分发给每个熟人网络服务主体的补偿可以协调整个主动服务过程中博弈状态进展而为每个主体收益带来的种种影响,使熟人网络各方按照最优共识原则得到合作收益,从而达到多赢的帕累托最优局面。

5.6　验证与分析

以第 2 章建立的自助旅游服务系统为实验背景,设当前提供自助旅游服务的工作位置的业务熟人网络中有 3 个熟人:保险服务提供商 a、交通服务提供商 b 和住宿服务提供商 c。各服务提供商的参数设置见表 5-1,保险服务提供商参与主动服务收益分配结果见表 5-2。

表 5-1　各服务提供商的参数设置

服务提供商 i	服务提供量 ap_i	建设服务资源成本(元)bu_i	维护服务资源成本(元)cx_i
保险服务提供商 a	30 000	13 000	7000
交通服务提供商 b	35 000	15 000	10 000
住宿服务提供商 c	50 000	25 000	15 000

表 5-2 保险服务提供商参与主动服务收益分配值

i	一般的收益分配(元)			有协调补偿的收益分配(元)					
	$v(K)-v(K\backslash i)$	$(k-1)!(n-k)!/n!$	C	$v(K)-v(K\backslash i)$	$(k-1)!(n-k)!/n!$	$\varphi_K[x_K(\tau),\tau]$	$C^{(T)i}(\tau,x_N^{T*})$	$\sum_{\tau=t_0}^{T}\xi_i(\tau)$	C
A	10 000	0.33		10 000	0.33	1.42	7700	3300	
A∪B	30 000	0.17		30 000	0.17	1.59	3700	2200	
A∪C	50 000	0.17	30 000	50 000	0.17	0.85	6666	−1000	32 950
K	90 000	0.33		90 000	0.33	0.07	6000	−5550	

表 5-2 中,$v(K)$是保险服务提供商参加主动服务的收益;$v(K\backslash i)$为没有保险服务提供商参加主动服务的收益,$v(K)-v(K\backslash i)$为保险服务提供商对于业务熟人网络的收益;$\dfrac{(k-1)!\,(n-k)!}{n!}$表示加权因子,取决于业务熟人网络的熟人个数;$C$ 表示保险服务提供商对参加的业务熟人网络的加权平均值。由表 5-2 中的值,按照一般的收益分配计算方法服务提供商的终点收益的 Shapley 值为 30 000 元。如果按照有协调补偿的收益分配策略计算,保险服务提供商的最终分配的收益是 32 950 元。同理,交通服务提供商的最终分配的收益是 23 650 元,住宿服务提供商的最终分配的收益是 33 400 元。

图 5-1 反映了主动服务过程中保险、交通和住宿 3 个旅游服务提供商在各自独立、两两合作以及三者联盟的收

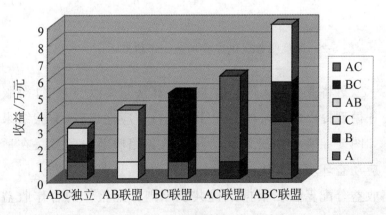

图 5-1　保险、交通和住宿 3 个旅游服务提供商的熟人域收益分配

益情况。由图 5-1 可知,在保证业务熟人网络收益最大化的同时,保险服务提供商、交通服务提供商和住宿服务提供商从业务熟人网络中分配的收益大于独立执行时的收益。

保险服务提供商参加合作与独自运作的收益对比关系可以从图 5-2 看出,一个成功的合作安排必须满足服务主体理性,并且沿着博弈的最优状态,在每时每刻服务主体理性都得以维持。因此多服务主体能够较好地遵守最优共识原则,有效地避免了某个服务主体脱离联盟的行为。

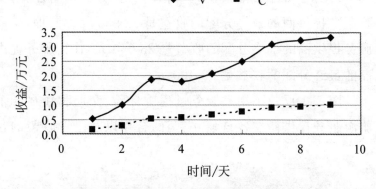

图 5-2　保险服务提供商参加合作与独自运作的收益对比

再将业务熟人网络收益分配算法与文献[134]针对服务模型提出的两阶段分配算法进行适应性比较,实验结果如图 5-3 所示。图 5-3 表明,熟人网络收益分配算法在适应动态环境方面比两阶段分配算法好,这是因为熟人网络收益分配算法在根据最优共识原则分配整体的合作收益时,每个熟人网络的参与者在每时每刻收到的补偿将保证

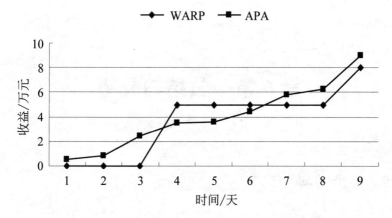

图 5-3　熟人域收益分配算法 APA 与 WARP 的对比

博弈的最优状态。而两阶段分配算法中,由于在一段时间内收益的分配是不变的,联盟的参与者都选择最高的收益,这将造成部分参与者不满而退出联盟,不能使合作圆满结束。

第6章　总结与展望

6.1　本书总结

迁移工作流因其在支持跨机构分布式工作流应用和提高工作流柔性等方面的优势而成为一个新的研究热点。本书在迁移工作流系统框架基础上,吸收与借鉴现有研究成果,在面向目标的迁移工作流主动服务方法研究的四个方面开展工作:面向目标的迁移工作流主动服务环境构建、部分可观测环境下迁移工作流服务导航、面向目标的迁移工作流资源服务推荐以及迁移工作流多服务主体收益分配,并在原型系统平台上对面向目标的迁移工作流主动服务的实现进行了验证,归纳起来,本书的主要贡献和创新点如下。

(1) 针对单工作位置环境主动服务能力不足的问题,提出了一种基于业务熟人域的迁移工作流主动服务环境模型。

业务熟人域是工作流联盟成员集合上面向服务目标的成员子集,其"小世界"性质使得业务熟人域容易构造和演化。由业务熟人域互连而成的业务熟人网络,覆盖工作流联盟上的所有成员和服务,因而可以保证迁移实例有一个目标可达的动态工作环境。与单工作位置环境相比,业务熟人域上不仅蕴含了更强的多主体联合服务能力,而且可以使迁移实例在同一个业务熟人域上就近尽可能地完成多个工作流子目标,从而提高执行效率。

(2) 针对业务熟人域上服务主体缺少全局工作流视图的问题,提出了一种部分可观测环境下的迁移工作流服务导航方法。

在面向目标的迁移工作流模型中,业务熟人域上的工作流视图是导航主体唯一可见的局部工作流视图,或称作导航主体部分可观测的迁移工作流环境。与基于全局工作流视图的服务导航模型和算法相比,本书建立的部分可观测环境下的迁移工作流服务导航方法,不仅可以使工作流设计者摆脱全局工作流视图难以完善定义的困境,而且能够使迁移实例尽可能地在业务熟人域上迁移和就地工作,因而既可以有效规避迷航风险,也可以提高工作流效率。

(3) 针对业务熟人域上的合作稳定性问题,提出了基于动态合作博弈的多主体收益分配策略。

业务熟人域上的服务主体都是理性的工作流参与者,他们在追求工作流全局目标的同时,必定关注自己的收益,因此,合理的收益分配是保持业务熟人域稳定的基础。

与现有研究成果中的收益分配策略相比,本书提出的基于动态合作博弈的多主体收益分配策略弥补了现有策略对收益补偿评估的不足,实现了服务主体收益的最优化分配,因而有利于保持业务熟人域上的合作稳定性。

6.2　研究展望

本书针对迁移工作流进行了深入的研究。但这只是一个开始,进一步的工作可以从以下两方面着手。

(1)迁移工作流业务服务熟人网络的研究进一步深化。在实际运行时,工作流系统可能会面临各种各样的错误或异常。因此,如何结合迁移工作流系统的特点,研究其业务服务熟人网络演化策略,用以支持主动服务异常的处理与故障恢复,提高迁移工作流的可达性和可靠性,是今后研究的重点。

(2)对迁移工作流多工作位置导航索的研究进一步深化。由于导航索中的多个参与者各自具有不同的部分可观测的工作流视图,也可能具有不同的推介策略和推介规则,因此,被推介的导航建议之间可能存在差异。建立业务熟人域上协同导航索的趋同性生成方法,用以消除多导航主体之间存在的导航意图和导航方法差异,提高业务熟人域上联合服务导航的健壮性和效率。

参考文献

[1] CRUZ S M, CHIRIGATI F S, DAHIS R, et al. Using Explicit Control Processes in Distributed Workflows to Gather Provenance [C]. Second International Provenance and Annotation Workshop. 2008: 186-199.

[2] ZHUGE H. Workflow and agent-based cognitive flow management for distributed team cooperation [J]. Inf. Manage. 2003, 40(5): 419-429.

[3] DE R D, GOBLE C, STEVENS R. The design and realisation of the Experiment Virtual Research Environment for Social Sharing of Workflows [J]. Future Generation Computer Systems. 2009, 25(5): 561-567.

[4] XUAN P, LESSER V. Multi-agent policies: from centralized ones to decentralized ones [C]. Proceedings of the First International Joint Conference on Autonomous Agents and Multi Agent Systems. 2002: 1098-1105.

[5] GUO S J, H TANG, JIANG Y, et al. Role of polyethylene insert posterior slope on intra-articular stress distribution during cruciate ligament retaining total knee arthroplasty [J]. Orthopedic Journal of China, 2018.

［6］ BUßLER C. Specifying enterprise processes with workflow modeling languages［J］. Concurrent engineering，2016.

［7］ WANG J，ROSCA D. Dynamic workflow modeling and verification［J］. Lecture notes in computer science. 2006，4(1)：303-311.

［8］ ANDO Y，TSUKAMOTO N，KAWAGUCHI O，et al. What does Workflow Analysis bring the Information System in the Radiotherapy Department? Seamless Communication Proposed by Japanese IHE-RO ［J］. International Journal of Radiation Oncology，Biology，Physics. 2008，72(1S)：668-669.

［9］ DANIEL M，NIZAR D，RAMPART D S：A Workflow Management System For De Novo Genome Assembly［J］. Bioinformatics，2015(11)：1824-1826.

［10］ GEORGAKOPOULOS D，HORNICK M，SHETH A. An overview of workflow management：From process modeling to workflow automation infrastructure ［J］. Distributed and Parallel Databases. 1995，3(2)：119-153.

［11］ JENNINGS N R，Norman T J，Faratin P，et al. Autonomous Agentsfor Business Process Management［J］. International Journal of Applied Artificial Intelligence. 2000，14(2)：145-189.

［12］ KUMAR A. XML-Based Schema Definition for Support of Interorganizational Workflow ［J］. Information Systems Research. 2003，14(1)：23-46.

[13] MERZ M. Using Mobile Agentsto Support Interorganizational Workflow Management [J]. Applied Artificial Intelligence. 1997, 11(6): 551-572.

[14] FENG Y, CAI W. Provenance Provisioning in Mobile Agent-Based Distributed Job Workflow Execution [J]. Lecture Notesin Computer Science. 2007, 4(7): 398-405.

[15] JAMI S I, SHAIKH Z A. A workflow based academic management system using multi agent approach [C]. Proceedings of the 11th WSEAS International Conference on Computers table of contents. 2007: 234-245.

[16] FANG G M, HONG Z W, LIN J M. A Scripting Approach for Workflow of Agents[C]. Proceedings of the 22nd International Conference on Advanced Information Networking and Applications.2008: 1049-1053.

[17] PINHEIRO W A, VIVACQUA A S, BARROS R, et al. Dynamic Workflow Management for P2P Environments Using Agents [J]. Lecture Notes in Computer Science. 2007, 4(9): 253-261.

[18] LIN D, SHENG H, ISHIDA T. Interorganizational Workflow Execution Based on Process Agents and ECA Rules[J]. Transactions on Information and Systems. 2007, 90(9): 13-35.

[19] KARPOWITZ D J, COX J J, HUMPHERYS J C, et al. A dynamic workflow framework for mass customization using web service and autonomous agent techniques[J].

Journal of Intelligent Manufacturing. 2008，19（5）：537-552.

[20] ROBINSON W N. Goal-Oriented Workflow Analysis and Infrastructure［R］. NSF Workshop on Workflow & Process Automation. 1996.

[21] PAUL A B，JOS M V. Towards Adaptive Workflow Enactment Using Multiagent Systems［J］. Information Technology and Management. 2005，6(1)：61-87.

[22] KORHONEN J，PAJUNEN L，Puustjarvi J. Automatic composition of Web service workflows using a semantic agent［C］. International Conference on Web Intelligence. 2003：566-569.

[23] CARDOSO J，SHETH A，MILLER J，et al. Quality of Service for Workflows and Web Service Processes［J］. Journal of Web Semantics. 2004，1(3)：281-308.

[24] CAVALCANTI M C，TARGINO R，BAI F，et al. Managing structural genomic workflows using web services［J］. Data & Knowledge Engineering. 2005，53(1)：45-74.

[25] LUD B，ALTINTAS I，GUPTA A. Compiling abstract scientific workflows into web service workflows 15th Intl. Conference on Scientific and Statistical Database Management［C］. 2003.

[26] AHUJA S P，PATEL A. Enterprise Service Bus：A Performance Evaluation［J］. Communications and Network，2011，3（3）：

133-140.

[27] JAIN H, KRISHNA P R, KARLAPALEM K. Context-Aware Workflow Execution Engine for E-Contract Enactment[C]. International Conference on Conceptual Modeling. Springer International Publishing, 2016.

[28] HOLLINGSWORTH D. Workflow Management Coalition the Workflow Reference Model [J]. the Workflow Management Coalition. 1995,12(1): 22-32.

[29] WORKFLOW MANAGEMENT COALITION. Workflow Management Coalition Terminology & Glossary WFMC-TC-1011, Workflow Management Coalition 1996.

[30] DEELMAN E, GANNON D, SHIELDS M, et al. Workflows and e-science: An overview of workflow system features and capabilities[J]. Future Generation Computer Systems. 2009, 25(5): 528-540.

[31] GLATARD T, MONTAGNAT J, LINGRAND D, et al. Flexible and efficient workflow deployment of data-intensive applications on grids with MOTEUR [J]. International Journal of High Performance Computing Applications. 2008, 22(3): 347-352.

[32] WANG Y. A relation-based workflow model for planning management system [C]. Proceedings of 2008 IEEE International Conference on Service Operations and Logistics, and Informatics.2008: 12-15.

[33] BIESZCZAD A, PAGUREK B, White T. Mobile agents

for network management [J]. IEEE Communications Surveys. 1998, 1(1): 2-9.

[34] BELLAVISTA P, CORRADI A, Stefanelli C. Mobile agent middleware for mobile computing[J]. Computer. 2001, 34(3): 73-81.

[35] GRAY R S, CYBENKO G, KOTZ D, et al. D′Agents: applications and performance of a mobile-agent system[J]. Software: Practice and Experience. 2002, 32(6): 543-573.

[36] SHI H, WANG L, CHU T. Virtual leader approach to coordinated control of multiple mobile agents with asymmetric interactions [J]. Physica D: Nonlinear Phenomena. 2006, 213(1): 51-65.

[37] CICHOCKI A, RUSINKIEWICZ M. Providing Transactional Properties for Migrating Workflows[J]. Mobile Networks and Applications. 2004, 9(5): 473-480.

[38] WU X, ZENG G, YANG G. A Novel Approach for Describing Goals with DLs in Intelligent agents[C].Fourth International Conference on Natural Computation 2008: 45-49.

[39] BROWNE E, SCHREFL M. A Two Tier, Goal-Driven Workflow Model for The Healthcare Domain [C]. 5th International Conference on Enterprise Information Systems. 2003: 125-133.

[40] STEPP R E, MICHALSKI R S. Conceptual clustering of structured objects: a goal-oriented approach[J]. Artificial

Intelligence. 1986，28(1)：43-69.

[41] EZAWA K J，SINGH M，NORTON S W. Learning Goal Oriented Bayesian Networks for Telecommunications Risk Management[C]. Machine learning：proceedings of the Thirteenth International Conference.1996：139-145.

[42] LAMSWEERDE A. Goal-Oriented Requirements Engineering：A Guided Tour [C]. Proceedings of the 5th IEEE International Symposium on Requirements Engineering. 2001：263-268.

[43] MYLOPOULOS J，CHUNG L，YU E. From object-oriented to goal-oriented requirements analysis [J]. Communaction. 1999，42(1)：31-37.

[44] HUTH C，SMOLNIK S，NASTANSKY L. Applying topic maps to ad hoc workflows for semantic associative navigation in process networks[C]. Proceedings of the Seventh International Workshop on Groupware. 2001：44-49.

[45] LIU F，ZENG G. Study of genetic algorithm with reinforcement learning to solve the TSP [J]. Expert Systems With Applications. 2009，36(3)：6995-7001.

[46] 史忠植. 智能主体及其应用[M]. 北京：科学出版社，2000.

[47] 杨公平，曾广周，卢朝霞. 迁移工作流系统中停靠站服务器的设计与实现[J]. 计算机工程与应用. 2004，40(019)：111-112.

[48] 曾广周，杨公平，王晓琳. 基于 agent 能力自信度的任务分

配问题研究[J]. 计算机学报. 2007, 30(11): 1922-1929.

[49] 曾广周, 党妍. 基于移动计算范型的迁移工作流研究[J]. 计算机学报. 2003, 26(10): 1343-1349.

[50] 刘菲, 曾广周. 迁移工作流系统中本体替换的柔性机制[J]. 小型微型计算机系统. 2007, 28(09): 1641-1646.

[51] 秦宇锋, 曾广周. 迁移工作流系统中位置服务体系结构的研究与设计[J]. 计算机应用. 2007, 27(10): 2595-2597.

[52] 王红, 曾广周. 无线迁移工作流按需移动中停靠站缓存管理机制[J]. 计算机工程与应用. 2007, 43(029): 30-35.

[53] 王红, 曾广周, 刘弘. 无线迁移工作流环境中程序按需移动[J]. 计算机应用. 2007, 27(011): 2728-2732.

[54] 周晓林, 曾广周. 一种基于P2P的工作流管理系统设计[J]. 山东大学学报. 2007, 37(005): 89-94.

[55] 吴修国, 曾广周, 许崇敬. 基于描述逻辑的目标推理研究[J]. 计算机科学. 2008, 35(7): 142-144.

[56] 吴修国, 曾广周, 韩芳溪等. 迁移工作流中的目标规划研究[J]. 计算机科学. 2008, 35(1): 147-150.

[57] 张凤芝, 曾广周. 支持移动用户的迁移工作流服务中间件设计[J]. 计算机系统应用. 2008, 17(5): 39-42.

[58] 李厚福, 韩燕波, 虎嵩林等. 一种面向服务事件驱动的企业应用动态联盟构造方法[J]. 计算机学报. 2005, 28(4): 739-749.

[59] 张尧学, 方存好. 主动服务[M]. 北京: 科学出版社, 2005.

[60] PAPAZOGLOU M P. Web Services: Principles and Technology[M]. Pearson Prentice Hall, 2008.

[61] JACOBS I, WALSH N. Architecture of the World Wide Web[J]. World Wide Web Consortium. 2004,12 (15): 27-34.

[62] ROY J, RAMANUJAN A. Understanding Web Services [J]. IT Professional. 2001,3(6) 69-73.

[63] NEWCOMER E. Understanding Web Services: XML, Wsdl, Soap, and UDDI [M]. Addison-Wesley Professional, 2002.

[64] APTE N, MEHTA T. UDDI: building registry-based web services solutions[M]. Pearson Education, 2003.

[65] CURBERA F, DUFTLER M, KHALAF R. Unraveling the Web services web: an introduction to SOAP, WSDL, and UDDI[J]. IEEE Internet computing. 2002: 86-93.

[66] KHALAF R, MUKHI N, WEERAWARANA S. Service-Oriented Composition in BPEL4WS[C]. Proceedings of the Twelfth International Conference on World Wide Web (WWW). 2003: 768-774.

[67] HUHNS M N, SINGH M P. Service-Oriented Computing: Key Concepts and Principles[J]. IEEE Internet Computing. 2005,9(1): 75-81.

[68] BICHLER M, LIN K J. Service-Oriented Computing[J]. Computer. 2006, 39(3): 99-101.

[69] BALDONI M, BAROGLIO C, MARTELLI A. Reasoning about interaction protocols for customizing web service selection and composition [J]. Journal of Logic and

Algebraic Programming. 2007，70(1)：53-73.

[70] COOK W R, BARFIELD J. Web Service versus Distributed Objects：A Case Study of Performance and Interface Design[J]. International Journal of Web Services Research. 2007，4(3)：49-64.

[71] KRAFZIG D, BANKE K, SLAMA D. Enterprise SOA：Service-Oriented Architecture Best Practices [M]. New Jersey：Prentice Hall PTR，2004.

[72] ERL T. Soa：principles of service design[M]. New Jersey：Prentice Hall PTR. 2007.

[73] SCHROTH C, J T. Web 2.0 and SOA：Converging Concepts Enabling the Internet of Services [J]. IT Professional. 2007,2(12)：36-41.

[74] PAPAZOGLOU M P, DEN V H. Service-oriented design and development methodology[J]. International Journal of Web Engineering and Technology. 2006，2(4)：412-442.

[75] CHUANG S N, CHAN A T. Active Service for Mobile Middleware[J]. World Wide Web. 2005，8(2)：127-157.

[76] MARSHALL I W, Roadknight C. Adaptive Management of an Active Service Network[J]. BT Technology Journal. 2000，18(4)：78-84.

[77] BAI X, LEE S, TSAI W T, et al. Collaborative web services monitoring with active service broker [J]. Computer Software and Applications.2008,22(11)：84-91.

[78] HAN J, HAN Y, JIN Y, et al. Personalized Active

Service Spaces for End-User Service Composition [C]. IEEE International Conference on Services Computing, 2006：198-205.

[79] WATTS D J, STROGATZ S H. Collective dynamics of 'small-world' networks [J]. Nature. 1998, 393 (6684)：440-442.

[80] CASTELLANI S, ANDREOLI J M, BRATU M, et al. E-alliance：A negotiation infrastructure for virtual alliances [J]. Group Decision and Negotiation. 2003, 12 (2)：127-141.

[81] BENGTSSON M, KOCK S. Coopetition in Business Networks to Cooperate and Compete Simultaneously[J]. Industrial Marketing Management. 2000, 29(5)：411-426.

[82] LI S X, HUANG Z, ZHU J, et al. Cooperative advertising, game theory and manufacturer-retailer supply chains[J]. Omega. 2002, 30(5)：347-357.

[83] REDDY M C, DOURISH P, PRATT W. Coordinating heterogeneous work：Information and representation in medical care[C]. Kluwer Academic Publishers, 2001,258.

[84] CASTELLANO M, PASTORE N, ARCIERI F, et al. An e-government cooperative framework for government agencies[C]. Proceedings of the Proceedings of the 38th Annual Hawaii International Conference on System Sciences, 2005,121-123.

[85] KOWALCZYK R, BRAUN P, MUELLER I, et al.

Deploying mobile and intelligent agents in interconnected e-marketplaces [J]. Journal of Integrated Design and Process Science. 2003, 7(3): 109-123.

[86] RUSSELL S J, NORVIG P, CANNY J F, et al. Artificial intelligence: a modern approach[M]. New Jersey: Prentice Hall Englewood Cliffs, 1995.

[87] WEISS G. Multiagent systems: a modern approach to distributed artificial intelligence[M]. Boston: The MIT Press, 2000.

[88] LUIS S Y, REINA D G, MARIN S. A Multiagent Deep Reinforcement Learning Approach for Path Planning in Autonomous Surface Vehicles: The YpacaraC-Lake Patrolling Case[J]. IEEE Access, 2021(99): 1-1.

[89] PONNAMBALAM S G, JANARDHANAN M N, RISHWARAJ G. Trust-based decision-making framework for multiagent system[J]. Soft Computing, 2021: 1-17.

[90] BERNSTEIN D S, GIVAN R, IMMERMAN N, et al. The complexity of decentralized control of Markov decision processes[J]. Mathematics of operations research. 2002, 27(4): 819-840.

[91] FILAR J A, VRIEZE K, VRIEZE O J. Competitive Markov decision processes [M]. Berlin: Springer Verlag, 1997.

[92] LAVANYA S, NAGARANI S. Leader-following consensus of multi-agent systems with sampled-data control and looped

functionals[J]. Mathematics and Computers in Simulation, 2022, 191: 120-133.

[93] KIM D , YUN T S , MOON I C , et al. Automatic calibration of dynamic and heterogeneous parameters in agent-based models[J]. Autonomous Agents and Multi-Agent Systems, 2021, 35(2): 1-66.

[94] GHADERYAN D, PEREIRA F L, AGUIAR A P. A fully distributed method for distributed multiagent system in a microgrid[J]. Energy Reports, 2021, 7(5): 2294-2301.

[95] ZHAO W, TONG L, SWAMI A, ET AL. Decentralized cognitive MAC for opportunistic spectrum access in ad hoc networks: A POMDP framework[J]. IEEE Journal on Selected Areas in Communications. 2007, 25(3): 589-597.

[96] POUPART P, BOUTILIER C. Value-directed compression of POMDPs[J]. Advances in Neural Information Processing Systems. 2003,22(2): 1579-1586.

[97] PINEAU J, GORDON G, THRUN S. Point-based value iteration: An anytime algorithm for POMDPs[C]. The International Joint Conference on Artificial Intelligence. 2003: 1025-1030.

[98] ROY N, GORDON G, THRUN S. Finding approximate POMDP solutions through belief compression[J]. Journal of Artificial Intelligence Research. 2005, 2(3): 1-40.

[99] WANG Y , NEWAZ A , Hernandez J D , et al. Online Partial Conditional Plan Synthesis for POMDPs With Safe-Reachability

Objectives: Methods and Experiments[J]. IEEE Transactions on Automation Science and Engineering, 2021(99): 1-14.

[100] RESNICK P, VARIAN H R. Recommender systems[J]. Communications of the ACM. 1997, 40(3): 56-58.

[101] FELFERNIG A, FRIEDRICH G, SCHMIDT-THIEME L. Recommender Systems[J]. IEEE Intelligent Systems. 2007, 22(3): 18-26.

[102] TINTAREV N, MASTHOFF J. A Survey of Explanations in Recommender Systems[C]. IEEE 23rd International Conference on Data Engineering Workshop. 2007: 801-810.

[103] CHO Y H, KIM J K, KIM S H. A personalized recommender system based on web usage mining and decision tree induction [J]. Expert Systems With Applications. 2002, 23(3): 329-342.

[104] PAZZANI M J, BILLSUS D. Content-Based Recommendation Systems[J]. Lecture Notes in Computer Science. 2007, 4(1): 325-336.

[105] GOLDBERG D, NICHOLS D, OKI B M, et al. Using collaborative filtering to weave an information tapestry [J]. Communications of the ACM. 1992, 35(12): 61-70.

[106] CHO Y H, KIM J K. Application of Web usage mining and product taxonomy to collaborative recommendations in e-commerce[J]. Expert Systems With Applications. 2004, 26(2): 233-246.

[107] BALABANOVI M, SHOHAM Y. Fab: content-based, collaborative recommendation[J]. Communications of the ACM. 1997, 40(3): 66-72.

[108] CARDOSO J, NETLIBRARY I. Semantic Web Services: Theory, Tools and Applications [M]. New York: Information Science Reference, 2007.

[109] ROMAN D, LAUSEN H, KELLER U, DE B J, BUSSLER C, DOMINGUE J, FENSEL D, HEPP M, KIFER M, K R B. D2v1. 2. Web Service Modeling Ontology (WSMO)[R]. Cambridge: W3C, 2005.

[110] FEELEY M, HUTCHINSON N, RAY S. Realistic Mobility for Mobile Ad Hoc Network Simulation[J]. Lecture notes in computer science. 2004: 324-329.

[111] KATO T, ONO M, HIGAKI H. Parallelization of GloMoSim Wireless Network Simulator[R]. IPSJ SIG Technical Reports. 2006, (121): 55-58.

[112] LEE S J, SU W, GERLA M. On-demand multicast routing protocol in multihop wireless mobile networks [J]. Mobile Networks and Applications. 2002, 7(6): 441-453.

[113] BAE S H, LEE S J, SU W, et al. The design, implementation, and performance evaluation of the on-demand multicast routing protocol in multihop wireless networks[J]. Network. 2000, 14(1): 70-77.

[114] VAIGHAN M G, JAMALI M. A multipath QoS

multicast routing protocol based on link stability and route reliability in mobile ad-hoc networks[J]. Journal of ambient intelligence and humanized computing, 2019, 10 (1): 107-123.

[115] SENOUCI O, ALIOUAT Z, HAROUS S. A review of routing protocols in internet of vehicles and their challenges[J]. Sensor Review, 2019: 58-70.

[116] YANG B, WU Z, SHEN Y, et al. On Delay Performance Study for Cooperative Multicast MANETs[J]. Ad Hoc Networks, 2020, 102(4): 102-117.

[117] NASH J F. Equilibrium points in n-person games[C]. Proceeding of the National Academy of Sciences of the United States of America. 1950: 48 49.

[118] GIBBONS R. A primer in game theory[M]. New York: Harvester Wheatsheaf, 1994.

[119] SHAPLEY L S, SHUBIK M. A method for evaluating the distribution of power in a committee system[J]. The American Political Science Review. 1954,2(1): 787-792.

[120] VON N J, MORGENSTERN O. Theory of games and economic behavior[M]. Princeton: Princeton University Press, 2004.

[121] AUMANN R J, MASCHLER M. The bargaining set for cooperative games[J]. Classics in Game Theory. 1997, 21 (3): 140-149.

[122] LIN Z. A new bargaining set of an n-person game and

endogenous coalition formation[J]. Games and Economic Behavior. 1994, 6(1): 512-526.

[123] DAVIS M, MASCHLER M. The kernel of a cooperative game[J]. Naval Research Logistics Quarterly. 1965, 12 (3): 223-259.

[124] SCHMEIDLER D. The nucleolus of a characteristic function game [J]. SIAM Journal on Applied Mathematics. 1969,12(1): 1163-1170.

[125] CURIEL I J, MASCHLER M, TIJS S H. Bankruptcy games [J]. Mathematical Methods of Operations Research. 1987, 31(5): 143-159.

[126] AUMANN R J. An axiomatization of the non-transferable utility value [J]. Econometrica: Journal of the Econometric Society. 1985,35(12): 599-612.

[127] AUMANN R J. The core of a cooperative game without side payments [J]. Transactions of the American Mathematical Society. 1961,23(2): 539-552.

[128] AUMANN R J, SHAPLEY L S, AUMANN R J. Values of non-atomic games [M]. Princeton: Princeton University Press, 1974.

[129] KIRK D E. Optimal Control Theory: An Introduction [M]. Courier Dover Publications, 2004.

[130] MASKIN E, TIROLE J. Markov Perfect Equilibrium Observable actions [J]. Journal of Economic Theory. 2001, 100(2): 191-219.

[131] ERICSON R, PAKES A. Markov-Perfect Industry Dynamics: A Framework for Empirical Work[J]. The Review of Economic Studies. 1995, 62(1): 53-82.

[132] SHORROCKS A F. Decomposition Procedures for Distributional Analysis: A Unified Framework Based on the Shapley Value[M]. University of Essex. 1999.

[133] HSIAO C R, RAGHAVAN T E. The Shapley value for multi-choice cooperative games[D]. University of Illinois at Chicago, 1991.

[134] JIN M, WU S D. Procurement auctions with supplier coalitions: validity requirements and mechanism design [R]. Lehigh University working paper, 2002.